LA
AUTOMATIZACIÓN
en la industria química

José Luis Medina
Josep Maria Guadayol

UPC **Edicions UPC**
UNIVERSITAT POLITÈCNICA DE CATALUNYA

Diseño de la cubierta: Ernest Castelltort

Primera edición: marzo de 2010

©   los autores, 2010

©   Edicions UPC, 2010
     Edicions de la Universitat Politècnica de Catalunya, SL
     Jordi Girona Salgado 31, 08034 Barcelona
     Tel.: 934 015 885 Fax: 934 054 101
     Edicions Virtuals: www.edicionsupc.es
     E-mail: edicions-upc@upc.edu

Producción: LIGHTNING SOURCE

Depósito legal: B-8759-2010
ISBN: 978-84-9880-398-3

Dedicado a
Joaquín Óscar Picó

índice

presentación

presentación

Este libro tiene como objetivo introducir al lector, al estudiante o al profesional de la industria química en el mundo de la automatización en este sector. Para ello, su contenido se ha estructurado en diferentes capítulos, cada uno de los cuales se dedica a un aspecto distinto de la automatización, para facilitar su consulta de manera secuencial desde el principio o bien la lectura independiente de los diferentes temas tratados en el mismo.

Los dos primeros capítulos contienen una introducción generalista de la necesidad de automatización en la industria química y de aquellas leyes fundamentales que rigen el funcionamiento de dichos automatismos. En el tercer capítulo, se introducen los sistemas neumáticos y se plantea su resolución mediante métodos combinacionales y secuenciales asequibles al lector no iniciado.

El cuarto capítulo aborda el diseño de sistemas automatizados programables con PLC (programmable logic controller), exponiendo la estructura básica de éste, mientras que en los capítulos cinco, seis y siete se tratan las diferentes técnicas de programación y el conjunto de instrucciones de que disponen los autómatas programables.

Finalmente, el octavo capítulo destaca la importancia de los sistemas de control en tiempo continuo en la automatización de los procesos químicos, desarrolla los sistemas de adquisición analógicos e introduce los sistemas de regulación y control programados mediante PLC, así como el desarrollo de aplicaciones mediante la instrucción PID.

Para facilitar la comprensión de los contenidos teóricos expuestos, cada uno de los capítulos contiene diversos ejemplos que permiten acercarse a la realidad práctica.

Antes de concluir, quisiéramos expresar nuestro agradecimiento a Joaquín Óscar Picó, amigo y compañero, que inició este proyecto con nosotros y que, desgraciadamente, no ha podido verlo finalizado.

Los autores

introducción a la automatización

1.1 La automatización industrial

Los distintos procesos de una planta química tienen como objetivo aportar un valor añadido, ya sea mediante la obtención de nuevos productos a partir de diferentes materias primas o bien mediante la transformación, la variación de las características fisicoquímicas o la manipulación de un compuesto para, finalmente, llegar a un producto acabado. En todo este proceso, es necesario llevar a cabo una serie de pasos mediante el empleo de equipos que permiten realizar acciones concretas, a partir de las consignas del operario, cuya aplicación determinará el producto final.

Todas estas acciones que se realizan en el proceso de producción industrial requieren un conjunto de operaciones en que la presencia del operador humano es constante, como es la puesta en marcha y el paro de procesos, la vigilancia de equipos, la manipulación de productos, la gestión de alarmas y el mantenimiento, entre otras. Todo ello debe llevarse a cabo con el menor coste posible, dentro de las mejores condiciones de seguridad humana y medioambiental.

La automatización en el campo industrial químico se desarrolla en dos vertientes. En primer lugar, sustituyendo al operador humano en aquellas tareas más repetitivas en las que no es necesaria su intervención o bien en las que son de difícil realización. En segundo lugar, mejorando la calidad del producto final y abaratando los costes del proceso. Según estas premisas, se podría definir la automatización industrial como:

La transferencia parcial o total de las funciones de coordinación ejecutadas por un operario en un proceso productivo a un equipo cableado o equipo electrónico programable.

Las ventajas de aplicar la automatización a un proceso industrial son inmediatas y se pueden resumir en los siguientes puntos:
- Aumenta la productividad y la flexibilidad de la maquinaria y de las instalaciones.
- Minimiza los tiempos de espera y parada por cambios de producción o alarmas en los procesos.
- Mejora la repetitividad y la calidad del producto optimizando la materia prima.
- Aumenta la capacidad de diagnóstico y ayuda al mantenimiento preventivo de las instalaciones.
- Incrementa la seguridad del operario, ayudándolo o sustituyéndolo en entornos hostiles que puedan perturbar su seguridad, así como en tareas físicas o intelectuales poco apropiadas.

1.2 Especificidad de la automatización en la industria química

En una planta de producción química, existen operaciones en las que está presente la reacción química y otras en las que únicamente se realizan cambios de la composición, sin formación ni desaparición de los compuestos de que se dispone inicialmente y que están basadas en procesos fisicoquímicos. Cualquiera de las operaciones aplicadas puede llevarse a cabo de manera discontinua (*batch*, por cargas o por lotes) o de manera continua. Como ejemplo, puede indicarse que muchos de los procesos considerados como de valor añadido elevado se realizan mediante un tratamiento discontinuo, debido a una producción que no requiere grandes cantidades de producto o debido a dificultades técnicas, que recomiendan procesos por lotes que permiten un control más preciso de los mismos. Posteriormente, los productos obtenidos deben ser manipulados para realizar su envasado, empaquetado y expedición, acciones que no son intrínsecamente químicas pero que están presentes en cualquier planta química y requieren automatización industrial.

Existen muchos ejemplos de casos en la ingeniería química en los que no hay reacción, y que se llevan a cabo con un tratamiento continuo o discontinuo, tales como la destilación multicomponente, la extracción líquido-líquido, la lixiviación, la evaporación y otras muchas, también conocidas como operaciones básicas o unitarias.

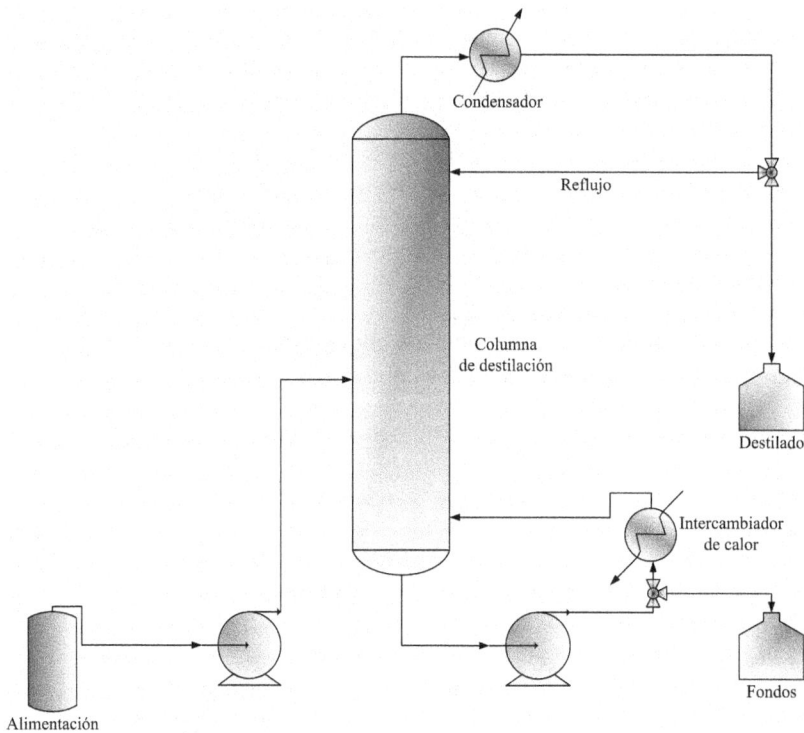

Fig. 1.1 Columna de destilación en continuo

La figura 1.1 muestra una columna de destilación en continuo, en la que las corrientes de producto a tratar que entran en la columna y las que salen de la misma de producto destilado y fondos deben mantenerse dentro de unos caudales y unas composiciones constantes, y cualquier variación de las mismas requiere la intervención de un sistema de control.

La figura 1.2 representa una columna de destilación por cargas. En ella se puede apreciar la no existencia de corrientes de entrada de producto a tratar, debido a que se ha cargado de una sola vez una cantidad determinada de producto a destilar y únicamente la existencia de corrientes de salida permite el agotamiento de la carga, cuya composición va variando con el tiempo. Las dos figuras indicadas son dos ejemplos típicos de una misma operación unitaria, realizada de forma continua y discontinua, respectivamente.

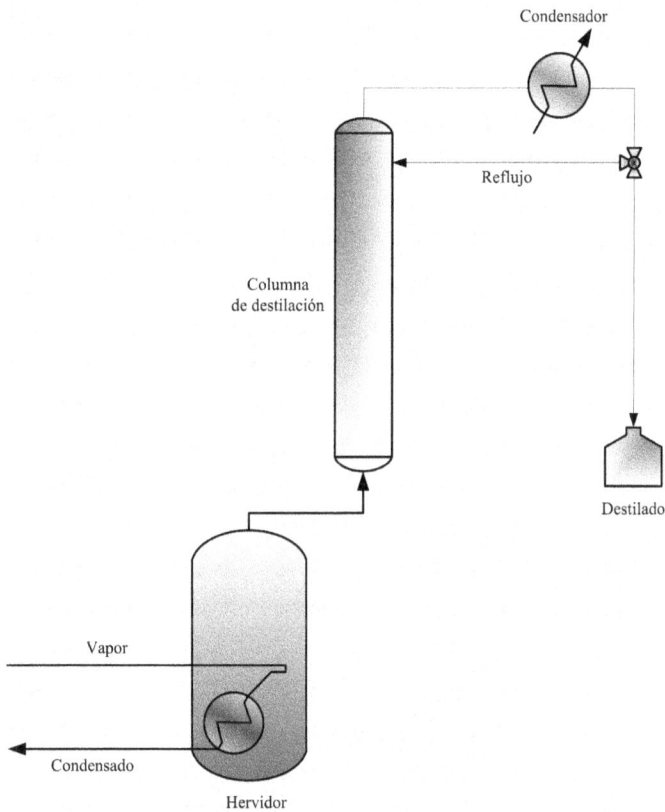

Fig. 1.2 Columna de destilación por cargas

En el caso de un proceso con reacción química, también se puede disponer de reactores que trabajan en continuo y otros que lo hacen de manera discontinua. En el primer caso, se puede citar como ejemplo un reactor CSTR (*continuous stirred tank reactor*), en el que se pueden observar que las corrientes de entrada y de salida del reactor fluyen de manera continua (fig. 1.3).

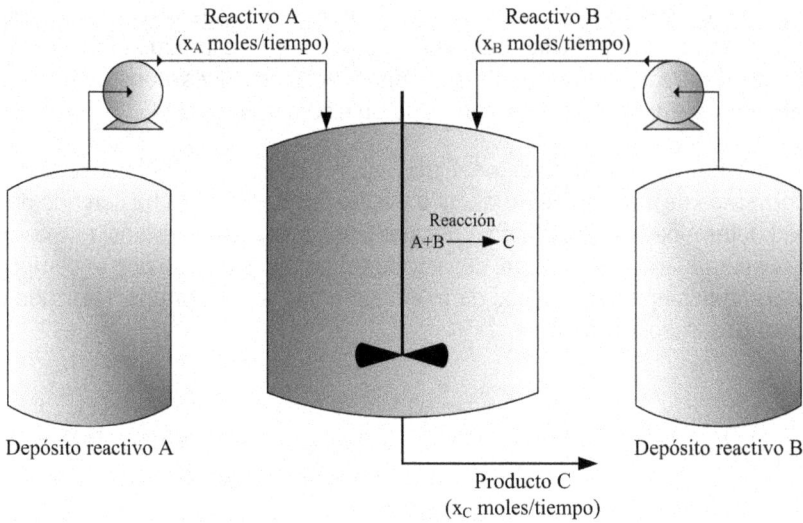

Fig. 1.3 Reactor CSTR

En el caso de un reactor por cargas (adición de una cantidad determinada de diferentes reactivos), si hay corrientes de entrada, éstas serán adiciones limitadas de alguno de los reactivos y, si existen corrientes de salida, serán para eliminar algún componente formado con el objeto de favorecer la reacción en el sentido de la formación de nuevos productos (fig. 1.4), pero ninguna de las dos se puede considerar como una corriente que interviene de forma continua.

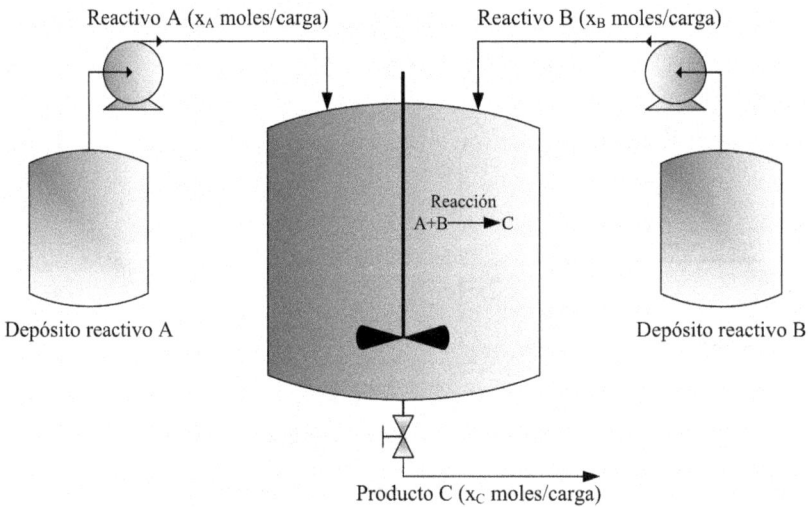

Fig. 1.4 Reactor por cargas

El tratamiento posterior de los productos obtenidos, independientemente de si se ha llevado a cabo mediante una operación continua o discontinua, precisa actuaciones que requieren la automatización de las mismas, tales como su envasado, expedición, etc.

Considerando lo expuesto anteriormente, se observa que la ingeniería química presenta un amplio campo de aplicaciones para los sistemas realimentados (*feedback*), con el objetivo de mantener determinadas variables en unos valores deseados, aunque no es posible cubrir todas las necesidades de control y automatización con sistemas como el mencionado, o similares derivados del mismo (control en cascada, control inferencial, etc.), por una serie de razones que se indican a continuación:

- Los sistemas de control realimentado regulan variables que presentan variaciones de forma continua; sin embargo, en algunas ocasiones en las que no se dispone de sistemas analógicos, debe trabajarse con variables discretas.
- Es necesario establecer condiciones y secuencias de trabajo para la obtención, el procesamiento y el envasado de determinados productos.
- Es conveniente conocer el estado en que se encuentra un proceso, así como la evolución de cada una de sus variables.
- La representación gráfica de los ciclos de trabajo de los diferentes procesos simplifica la comprensión de cualquiera de los apartados anteriores.

A partir de estas premisas, el contenido del presente libro expone las tecnologías y la metodología para la automatización de procesos químicos como los que se han presentado anteriormente, situaciones en las que primordialmente intervengan un número finito de estados, a diferencia de la regulación de una variable, que podía presentar un número infinito de ellos.

1.3 Niveles de automatización

Dentro de la estructura de una empresa, independientemente de su naturaleza, los procesos a automatizar son múltiples y variados; sin embargo, el National Bureau of Standards (NBS), con el objetivo de aclarar conceptos, ha definido el modelo de automatización integral de una empresa identificando los diferentes niveles que se pueden encontrar, a fin de estructurar e integrar sus fases de producción, diseño y gestión. El modelo propuesto por la NBS corresponde a los cinco niveles de automatización de la figura 1.5.

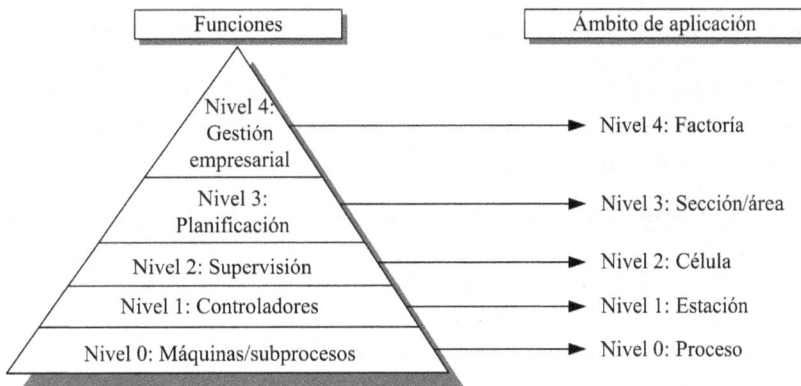

Fig 1.5 Modelo de automatización integral de cinco niveles propuesto por la NBS

La estructura piramidal de la figura responde al concepto de la *fabricación asistida por ordenador*, también denominada CIM (*computer integrated manufacturing*). En ella se incluyen de forma integrada, la producción, la gestión empresarial, la planificación, la programación de la producción, etc. Se trata de una estrategia progresiva de automatización, que avanza según una serie de etapas o niveles que se describen a continuación:

- Nivel 0: En este nivel, se encuentran el conjunto de dispositivos, procesos y equipos en general con los que se realizan las operaciones elementales de producción y control en la planta de fabricación. En este nivel, también se incluyen los dispositivos de campo que permiten al operador interactuar con el proceso, como son los sensores, los accionadores, las pantallas, los paneles de operador, las alarmas, etc. Se trata de la información de menor rango en la pirámide CIM.

- Nivel 1: En el siguiente nivel, se encuentran el conjunto de dispositivos lógicos de control, como son los autómatas programables, las tarjetas de control, los ordenadores industriales y cualquier equipo programable orientado al control y a la automatización de procesos. Constituyen los elementos de mando y control de la maquinaria del nivel 0, del cual recibe información directa del proceso a través de las interfaces de entrada y salida de que disponen los equipos de control. Asimismo, facilita información de actuación directa del estado del proceso al nivel 2.

- Nivel 2: A este nivel, se asignan las tareas de supervisión y control, como son la adquisición y el tratamiento de datos generales de producción, la monitorización del proceso mediante programas SCADA, la gestión de alarmas y asistencias, el mantenimiento correctivo y preventivo, la programación a corto plazo, el control de calidad, la sincronización de las diferentes células de trabajo en que está dividida la planta y todo el proceso de producción, la coordinación del transporte, el aprovisionamiento de líneas, el seguimiento de lotes, el seguimiento de órdenes de trabajo, etc.

  Este nivel emite órdenes de ejecución al nivel 1 y recibe situaciones de estado de dicho nivel. Igualmente, recibe los programas de producción, calidad, mantenimiento, etc., del nivel 3 y realimenta dicho nivel con las incidencias (estado de órdenes de trabajo, circunstancias de los equipos, estado de la producción en curso, etc.) ocurridas en planta.

- Nivel 3: El nivel de planificación tiene como misión la programación de la producción, la gestión de compras, el análisis de los costes de fabricación, el control de inventarios, la gestión de recursos de fabricación, la gestión de calidad y la gestión del mantenimiento.

  El nivel 3 emite los programas hacia el nivel 2 y recibe de éste las incidencias de la planta. El nivel 4 recibe la información consolidada sobre pedidos en firme, previsiones de venta, información de ingeniería de producto y de proceso y envía información relativa a: cumplimiento de programas, costes de fabricación, costes de operación, cambios de ingeniería.

- Nivel 4: Es el nivel corporativo, se realizan las tareas de gestión comercial, marketing, planificación estratégica, planificación financiera y administrativa, gestión de recursos humanos, ingeniería de producto, ingeniería de proceso, gestión de tecnología, gestión de sistemas de información (MIS), investigación y desarrollo.

  Este nivel emite al nivel 3 información sobre la situación comercial (pedidos y previsiones), información de ingeniería de producto y de proceso, etc.

  Con el fin de ajustar la planificación global, este nivel recibe del nivel 3 la información anteriormente indicada sobre cumplimiento de programas y costes, etc.

El estudio y control de los procesos de la ingeniería química que se tratan en este libro se centran en el estudio de los dos primeros niveles de la pirámide CIM, en los que se controlan los procesos de producción.

1.4 Estructura general de los procesos industriales

A partir de la estructura global de la pirámide CIM estudiada en el apartado anterior, un proceso industrial químico se encuentra sobre los dos primeros niveles de la misma. Dejando aparte la integración de las redes de comunicación y los buses de campo que puedan integrarse en este nivel, y que serían parte de un estudio más amplio de las comunicaciones industriales, dicha disposición es la que se expone en la figura 1.6.

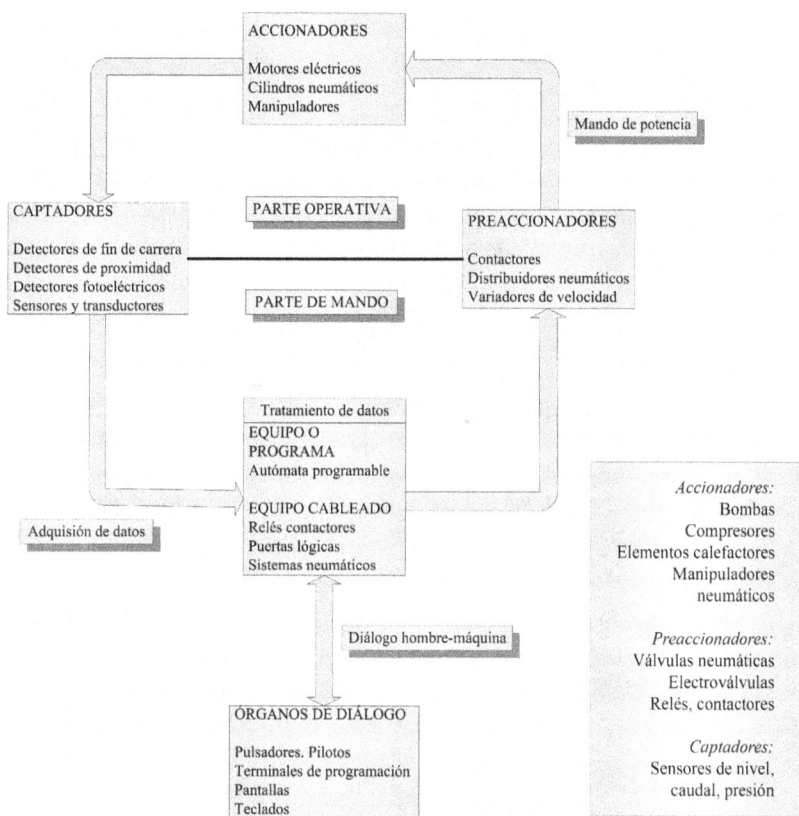

Fig. 1.6 Estructura de un sistema automatizado.

En dicha estructura, se pueden observar los siguientes bloques:

– *Órganos de diálogo*. Estos elementos permiten el diálogo bidireccional entre el operador y el proceso, enviando consignas y órdenes desde el operador hacia el proceso mediante pulsadores, interruptores, pantallas táctiles o teclados, mientras que el operador recibe la información del proceso a través de pilotos, balizas luminosas, indicaciones acústicas y registros en pantallas o en papel.

– *Preaccionadores*. Generalmente, las señales de control, independientemente de la tecnología con la que estén implementadas, son señales de bajo nivel, mientras que las señales que realizan el trabajo físico requieren gran potencia. Esto obliga a una adaptación entre la parte de control y la parte de potencia. Esta función es la que cumplen los preaccionadores, que adaptan y separan las señales de control y de potencia. Dependiendo de la tecnología utilizada, se encuentran, entre otros, los contactores para el gobierno de elementos eléctricos, las válvulas distribuidoras para el gobierno de elementos neumáticos, las válvulas distribuidoras para el control de flujos de caudales, etc.

– *Accionadores o actuadores*. Son los elementos que realizan físicamente el trabajo de producción. También, dependiendo de la tecnología con la que estén implementados, se encuentran elementos como los motores eléctricos aplicados para bombas, compresores, sistemas de agitación de una unidad de mezcla, apertura y cierre de válvulas, etc. Dentro de la tecnología neumática, se encuentran los cilindros neumáticos, pinzas neumáticas para la manipulación, motores para el mecanizado y el almacenamiento, etc.

– *Captadores*. Mediante este tipo de elementos, el sistema y, por tanto, el operador, puede conocer la evolución del proceso. En cualquier caso, la variedad de estos elementos es notable en función del tipo de objeto o fenómeno físico que se desea detectar, tales como finales de carrera que suministran información de la presencia y la ausencia de objetos mediante el contacto físico, detectores de proximidad que cumplen la misma función pero sin ser necesario el contacto entre el objeto a detectar y el sensor o los detectores fotoeléctricos que permiten la creación de barreras de paso. También dentro de esta gama se encuentran todo el conjunto de sensores analógicos que permiten conocer parámetros físicos, como son la temperatura, la humedad, la composición, el nivel, etc.

– *Tratamiento de datos*. En este bloque, se encuentra la inteligencia de todo el sistema; por una parte, recibe la información del operario desde los elementos de diálogo y, por otra, la información de cómo evoluciona el proceso en función del estado de los captadores. Con esta información y en función del sistema de control implementado (cableado o programado), emite las órdenes hacia los preactuadores, que activarán cada uno de los actuadores en función del objetivo a conseguir.

La estructura de un sistema a automatizar está ligada generalmente a un proceso dinámico que va evolucionando en el tiempo, de tal manera que las condiciones de trabajo dependen tanto del estado de cada una de las variables del proceso como del ciclo de trabajo que se haya definido para éste. Así, para dar una justificación más profunda sobre la necesidad de la automatización, en la figura 1.7 se presenta un proceso de mezcla en el que se realizan una serie de operaciones y se expone su orden de ejecución. Todo ello ha sido estudiado previamente y aquí se supone que ha sido optimizado según las necesidades de producción. Se trata de la operación de mezcla de dos líquidos con la adición posterior de un sólido, en la que deben seguirse estrictamente los pasos indicados.

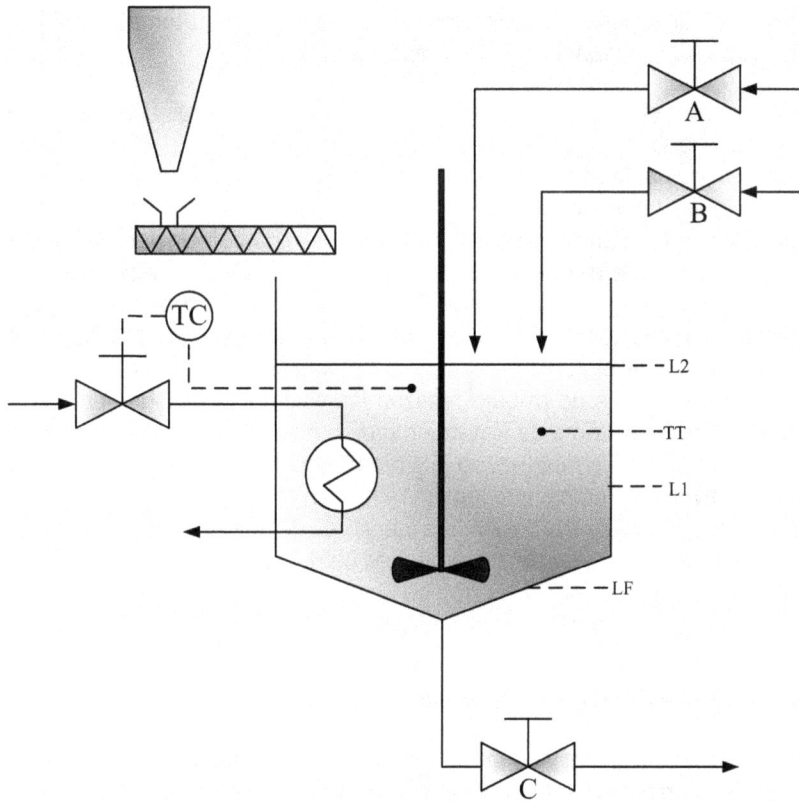

Figura 1.7 Proceso de mezcla de dos líquidos y un sólido

Las condiciones de operación han de ser las siguientes:
1. Puesta en marcha en ciclo único o ciclo continuo del proceso.
2. Adición de un volumen determinado del líquido A hasta el nivel L1.
3. Puesta en marcha del agitador.
4. Adición de un volumen determinado del líquido B hasta el nivel L2.
5. Adición del sólido mediante la puesta en marcha temporizada de una cinta transportadora.
6. Puesta en marcha del sistema de control de temperatura (TC).
7. Mantenimiento de una temperatura determinada durante un tiempo preestablecido.
8. Desconexión del sistema de control de temperatura.
9. Descarga de la mezcla con la válvula C hasta llegar al nivel LF.
10. Cierre de la válvula C y vuelta a las condiciones iniciales del proceso.

Se observan las demandas del proceso, en las que se precisan tanto secuencias de operación como temporizaciones y condiciones para pasar de una operación a la siguiente; así como secuencias que se realizan en paralelo. También se debe indicar que en este proceso aparece un sistema realimentado de control de temperatura que permite ver la interacción entre el control de una operación y su automatización, aunque debe considerarse que, del control indicado, desde el punto de vista de la automatización, únicamente interesa si éste está en funcionamiento o no. Finalmente, una vez realizada la última operación, el sistema podría quedar en reposo, con lo que se estaría trabajando en un proceso de ciclo único, o se puede iniciar automáticamente un nuevo proceso, por lo que se estaría trabajando en un ciclo continuo.

En este ejemplo, se observan los siguientes elementos correspondientes a la estructura general de un proceso automatizado:
- *Diálogo hombre-máquina*. Mediante pulsadores o paneles de operador, el usuario puede dar la instrucción de inicio del proceso.
- *Tratamiento de datos*. Mediante la información suministrada por los detectores y diferentes elementos de adquisición de datos (sensores de nivel y sensores de temperatura), el sistema de tratamiento de los mismos genera las señales hacia los preactuadores de potencia que activan y desactivan la apertura o el cierre de las válvulas, el motor para el sistema de adición de sólidos, la activación del sistema de control de temperatura, etc.
- *Accionadores*. Los elementos de trabajo realizan las acciones previstas, en función de las señales generadas por el sistema de tratamiento de datos, filtradas y transformadas por los preactuadores, tales como los motores de la cinta transportadora para la adición de sólidos y el agitador, las válvulas de adición de líquidos y la válvula de cierre.
- *Adquisición de datos*. Los distintos detectores (sensores de nivel y sensores de temperatura), informan al sistema de los diferentes tratamientos de datos que llegan como informaciones del proceso.

1.5 Las señales en los procesos automatizados

Para una mayor simplificación visual y de interpretación, la automatización de cualquier proceso químico puede representarse mediante el diagrama de bloques de la figura 1.8:

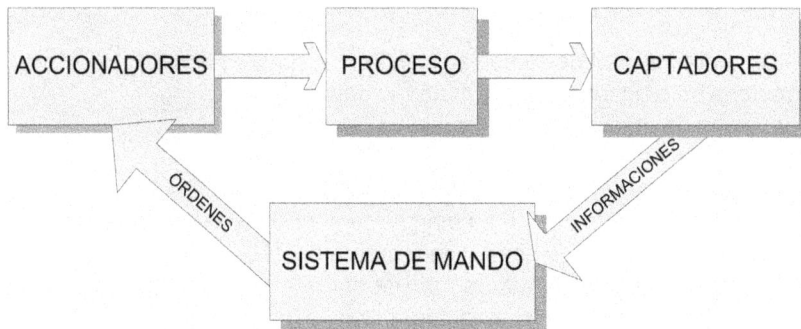

Fig. 1.8 Estructura de la producción de señales de un proceso

Tomando el proceso como elemento central, éste recibe un número determinado de entradas que provienen de los accionadores y salidas que recogen los captadores. Como ya se ha expuesto, las primeras son producidas por los accionadores con la finalidad de modificar el estado del proceso y las segundas son recibidas por los captadores con la finalidad de suministrar información al sistema de mando sobre cómo evoluciona el proceso. Por otro lado, el sistema de mando envía las órdenes a los accionadores en función de la información recibida de los captadores y las consignas del operario, además permite la comunicación con el operador. La naturaleza de las señales que generan este flujo de información es variada y se clasifica en señales analógicas, analógicas muestreadas, digitales y binarias. Sus características se exponen a continuación.

1. Señal analógica. Los elementos de medida proporcionan los valores de forma continua en el tiempo, por lo que su representación admite cualquier valor dentro del rango definido para la señal, la cual normalmente va ligada a la adquisición de señales de procesos físicos, como puede ser el control de temperatura, pH, humedad, etc. (fig. 1.9).

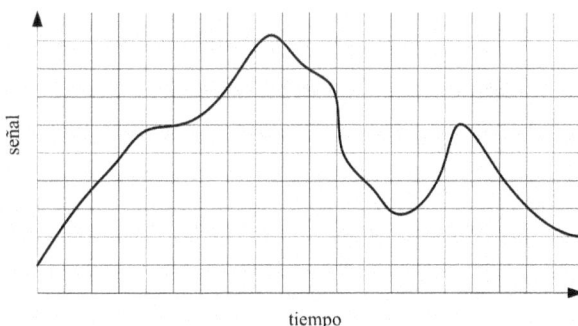

Fig. 1.9 Señal analógica

2. Señal analógica muestreada. En ocasiones, la información se puede tratar en tiempo discreto; en este caso, ésta se recibe en unos instantes de tiempo determinado, denominados *períodos de muestreo* y admite cualquier valor dentro del rango definido para la señal. El origen de la misma es el muestreo de señales analógicas y tiene como finalidad adaptarlas a los dispositivos de control que trabajan con códigos binarios. Cualquier valor que la variable adquiera entre dos períodos de muestreo no se tendrá en cuenta para su procesamiento (fig. 1.10).

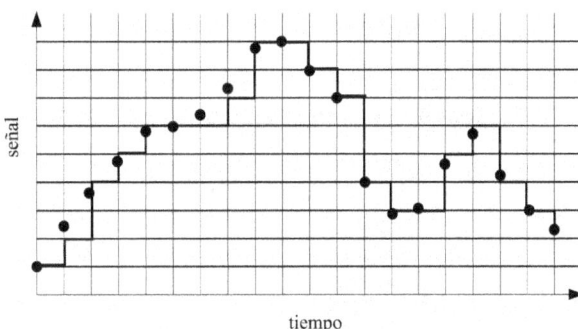

Fig. 1.10 Señal analógica muestreada de la figura 1.9

3. Señal digital. Consiste en representar la información de forma que admita un conjunto de valores discretos, en unos instantes de tiempo determinado. Es el paso final de la codificación de una señal muestreada para adaptarla a los dispositivos de control que trabajan con códigos binarios. Se supone que entre dos muestreos la señal tendrá el valor correspondiente al primer muestreo del intervalo y no cambiará hasta el siguiente valor muestreado (Figura 1.11).

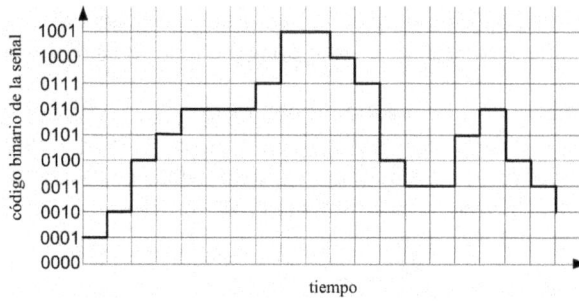

Fig. 1.11 Señal digital de la señal analógica muestreada de la figura 1.10

4. Señal binaria. Consiste en representar la información mediante dos únicos valores bien diferenciados y contrapuestos, generalmente representados mediante los estados lógicos 0 y 1. Ejemplos de este tipo de señales son la consideración de un circuito abierto o cerrado, la presencia o ausencia de tensión o presión de aire, el valor por encima o por debajo de una temperatura determinada, etc. (fig. 1.12).

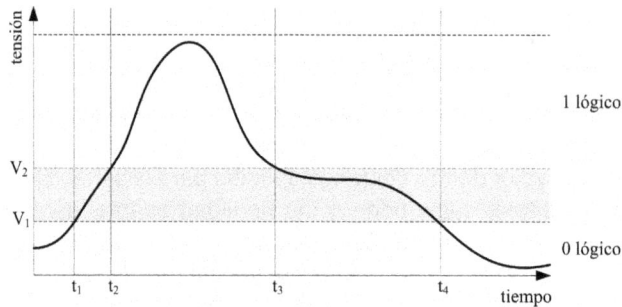

Fig. 1.12 Señal binaria

Para evitar confusiones sobre entradas y salidas, es adecuada una sencilla representación de las mismas respecto del sistema de mando, que ayuda a la comprensión global del proceso (fig. 1.13).

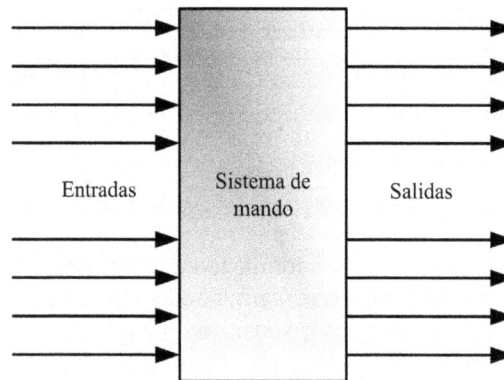

Fig. 1.13 Entradas y salidas del sistema de mando

En dicha figura, también cabe pensar en una representación similar, desde el punto de vista del proceso, en lugar del sistema de mando; aunque, como ya se ha visto, las entradas del proceso serían las salidas del sistema de mando y las salidas del proceso serían las entradas del sistema de mando.

1.6 Clasificación de los procesos industriales

A continuación, se presenta una clasificación de los procesos industriales, realizada a partir de determinados parámetros.

Según el lazo de control, se pueden clasificar en *lazo abierto* o *lazo cerrado*.

Procesos en lazo abierto. La estructura de bloques del proceso corresponde al de la figura 1.14. Este tipo de estructura solamente es aplicable en procesos muy simples, pues el sistema de control no recibe, en ningún momento, información de la evolución del proceso, y cualquier alteración o suceso imprevisto no sería controlado y llevaría el proceso a un funcionamiento defectuoso.

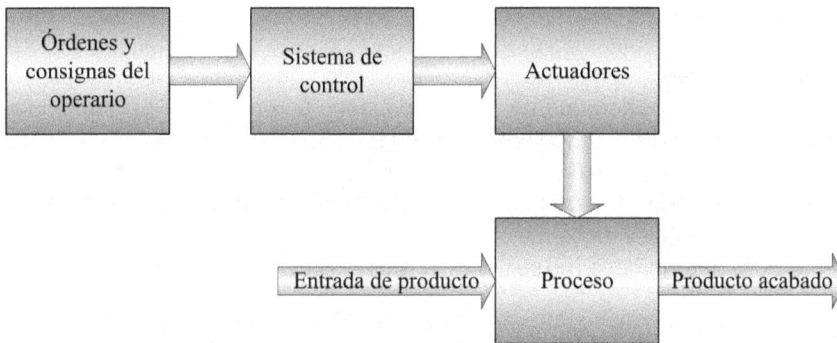

Fig. 1.14 Estructura de un sistema en lazo abierto

Procesos en lazo cerrado. Es la estructura habitual de los procesos automatizados y se corresponde con la ya descrita en apartados anteriores (fig. 1.15).

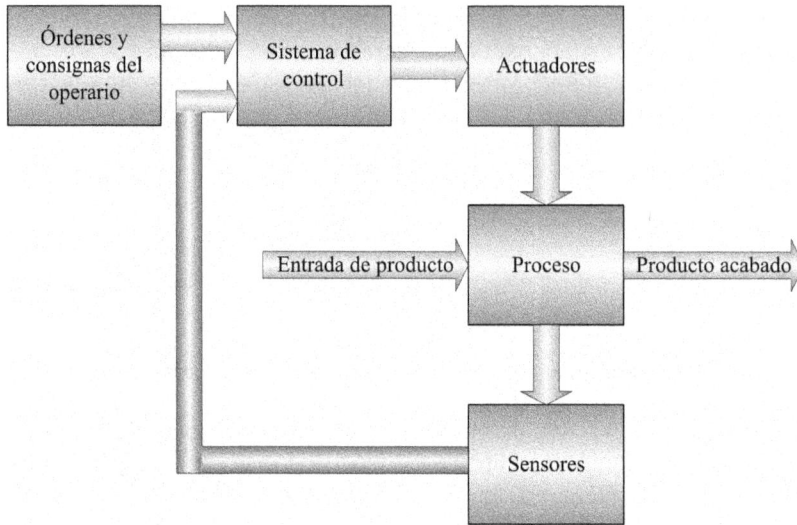

Fig. 1.15 Estructura de un sistema en lazo cerrado

Según el tipo de señal, los procesos se pueden clasificar en procesos de variable *discreta* o *continua*.

Procesos de variable discreta. Se caracterizan por el empleo de señales binarias, provenientes del estado del proceso. Generalmente, corresponden a procesos de manipulación y transformación de la materia prima mediante diferentes acciones. En la figura 1.16, se muestra un proceso de tratamiento de superficies, en el que una pieza metálica es sometida a diversos baños sucesivos. En este caso, e introduciendo muchas simplificaciones, el proceso se puede reducir al tratamiento de señales discretas cuya combinación indica la situación y el baño en que se encuentra una pieza determinada (no se tienen en cuenta otras variables como el tiempo, etc.).

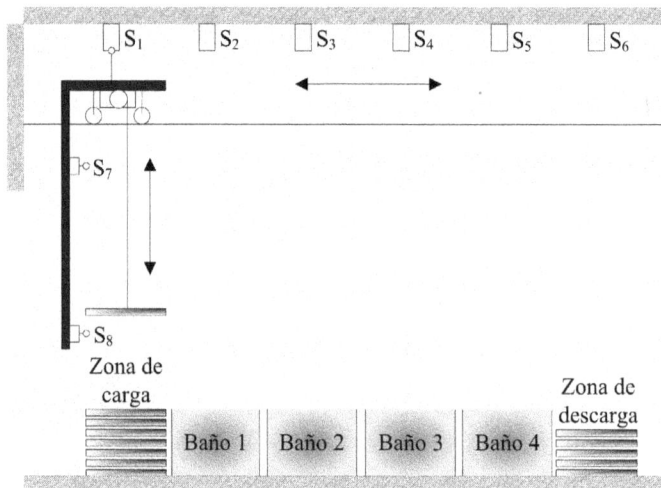

Fig. 1.16 Ejemplo de proceso que utiliza variables discretas

Procesos de variable continua. Se caracterizan porque realizan el control de variables analógicas muestreadas y codificadas, relacionadas generalmente con la medición y el control de variables físicas como son el control de presión, humedad, composición, temperatura, etc. Con el empleo de transductores adecuados, las variables físicas se transforman en señales de tipo eléctrico, que son procesadas por el equipo de control.

La figura 1.17 muestra un proceso cuyo objetivo es la regulación de la temperatura de la corriente que abandona un intercambiador de calor. Dicha temperatura puede tomar cualquier valor continuo, que depende de la temperatura de entrada de la corriente fría, de la temperatura del vapor de calefacción, de los caudales de las corrientes, etc.

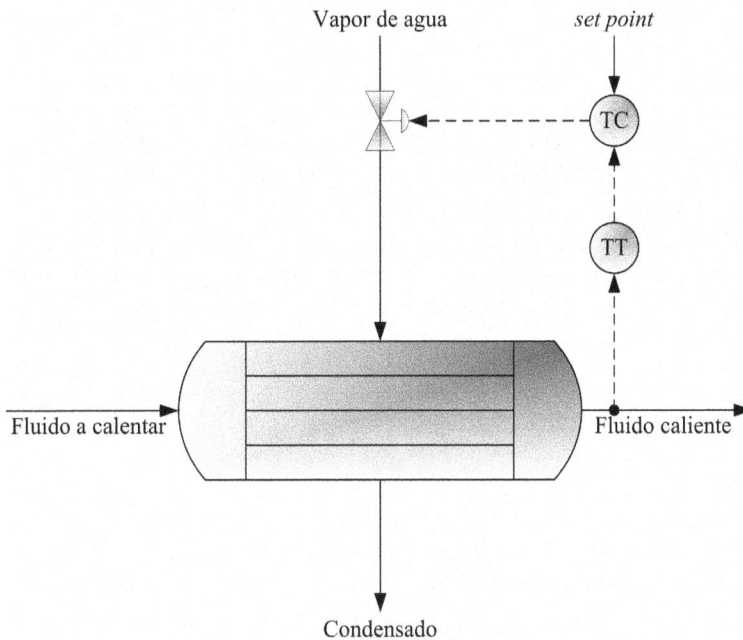

Fig. 1.17 Ejemplo de proceso que utiliza variables continuas

Según cómo esté implementado el sistema de control, éste se puede clasificar en *tecnologías cableadas* y *tecnologías programadas*.

Tecnología cableada. En este caso, el sistema de control se realiza mediante la asociación y conexión física de diferentes tipos de elementos, de tal manera que el control dependerá única y exclusivamente de la interconexión de los mismos. Cualquier modificación del ciclo de trabajo implicará la modificación de la estructura física de las conexiones. Generalmente, este tipo de control se utiliza en sistemas automatizados muy sencillos, en que el número de variables a controlar es pequeño.

Tecnología programada. En este caso, el sistema de control se realiza mediante un dispositivo programable, generalmente un PLC, que permite modificar el ciclo de trabajo del proceso mediante la modificación de un programa insertado en su memoria.

Según el tipo de lógica utilizada, la clasificación puede ser *combinacional* o *secuencial*.

Sistema lógico combinacional. Se caracteriza porque presenta en cada momento las variables de salida como resultado de una función lógica del estado de las variables de entrada $\left(x_i\right)$, sin tener en cuenta la variable tiempo. Siempre se pueden expresar las salidas $\left(y_i\right)$ como una función lógica de las entradas, $y_i = f\left(x_i\right)$. Como ejemplo, puede citarse el inicio de un proceso de reacción de síntesis, que puede depender de determinadas condiciones: niveles mínimos de carga, presión del vapor de calefacción, etc. En este caso, el proceso no se iniciará hasta que se cumplan todas las premisas previas, independientemente del orden en que se vayan cumpliendo.

Sistema lógico secuencial. Se caracteriza porque presenta unas variables de salida que no solamente son función de las variables de entrada, sino que también dependen de alguna situación pasada y/o de la secuencia de entradas que se hayan aplicado al sistema. De alguna manera, habrá que disponer de dispositivos de memoria que recuerden cada uno de los estados del sistema. De este modo, la salida dependerá del estado en que se encuentre el sistema y de su combinación de variables de entrada. Un ejemplo lo constituye un sistema de mezcla en el que se necesitan determinadas informaciones previas para seguir con el proceso, como por ejemplo haber llegado a un nivel determinado para poner en marcha el sistema de agitación. Esta sencilla situación muestra la necesidad de conocer el estado del proceso antes de ejecutar una nueva orden.

La mayoría de los procesos industriales químicos que se presentan en este libro corresponden a sistemas donde intervienen tanto señales discretas como continuas, que estarán asociadas a tecnologías de control programadas mediante PLC, y serán resueltos mediante sistemas combinacionales y secuenciales.

Inicialmente, se introducen los procesos discretos, para cuyo estudio se emplea el álgebra de Boole como herramienta básica adecuada, debido a que trata de variables que únicamente pueden tomar dos valores (normalmente representados por 1 o 0).

La forma de expresar los sistemas lógicos mediante el álgebra de Boole se denomina *expresión lógica*. Si se observa el ejemplo de la figura 1.7, se comprueba que se puede asignar a las variables uno de los dos valores mencionados: el agitador está en marcha (1) o parado (0), los sensores de nivel están activados (1) o no (0), las válvulas están cerradas (0) o abiertas (1), etc., con lo que cada situación se considera suficientemente explícita empleando los dos valores posibles como información del estado de las mismas.

variables y funciones lógicas. álgebra de boole

2.1 Variables y funciones lógicas

Como ya se ha indicado en el capítulo anterior, los procesos químicos automatizados corresponden, en muchas ocasiones, a estructuras basadas en la combinación de los estados de diferentes captadores, actuadores y elementos de entrada y salida, así como de su evolución en el tiempo; en otras palabras, estos sistemas pueden ser considerados desde el punto de vista de la *lógica combinacional*, en el caso de los primeros, o de la *lógica secuencial*, cuando se trata de los segundos.

El álgebra de Boole es la herramienta lógico-matemática fundamental para alcanzar una expresión que permita representar y operar las características de aquellos procesos que presenten situaciones combinacionales y/o secuenciales basadas en variables lógicas binarias, es decir, que únicamente puedan presentar dos valores, los cuales si bien se representan por las variables lógicas "0" o "1", pueden significar cualquier situación de entre dos posibles, contrarias y contrapuestas entre sí.

Desde el punto de vista del álgebra de Boole, a los diferentes estados de trabajo de elementos binarios de automatización químicos se les debe asignar un estado lógico de 0 o 1 para poder aplicar dichas leyes. Esta asignación se realiza en función del tipo de elemento; así pues, se puede hablar de una válvula abierta (1) o cerrada (0), de un pulsador accionado (1) o no accionado (0), de un detector de nivel activo (1) o no activo (0), de un agitador en marcha (1) o parado (0), etc. Como se ve, la asignación lógica va ligada a su estado, independientemente del tipo de elemento; generalmente, si está activo, o permite la activación de un elemento, se le asigna el estado lógico 1, mientras que si está inactivo o impide la activación de un elemento, se le asigna el estado lógico 0. Cuando se dispone de dos variables lógicas asociadas a dos estados con la asignación expuesta anteriormente, se utiliza la nomenclatura *lógica positiva*, mientras que la inversión de los conceptos anteriores, es decir, asignar el 0 al estado de trabajo y 1 al de reposo, se denomina *lógica negativa*.

2.2 Operaciones lógicas

A continuación, se presentan las funciones lógicas más usuales (Y, O y función inversora) que permiten introducirse en el álgebra de Boole.

La *operación lógica Y (AND)*, también denominada *producto lógico (·)*, se expresa mediante la siguiente definición:

S=A · B	→ Cuando se trata de dos variables
S=A · B · C	→ Cuando se trata de tres variables
S=A · B · C · .... · N	→ Cuando se trata de n variables

En dicha fórmula, la variable de salida S está activa (1) sólo si todas y cada una de las variables que conforman el producto toman el valor "1".

Una manera sencilla y eficaz de presentar las expresiones anteriores es mediante el empleo de las denominadas *tablas de la verdad*, en las cuales se muestran todos los posibles estados de las entradas y el estado de la salida que corresponde a cada una de las combinaciones de entradas. A modo de ejemplo, la figura 2.1 muestra la tabla de la verdad del producto de dos variables, que puede generalizarse para cualquier número de las mismas.

S=A·B		
A	B	S
0	0	0
0	1	0
1	0	0
1	1	1

Fig. 2.1 Tabla de la verdad de la operación lógica Y para dos variables

La *operación lógica O (OR)* también denominada *suma lógica (+)*, se expresa mediante la siguiente definición:

S=A+B	→ Cuando se trata de dos variables
S=A+B+C	→ Cuando se trata de tres variables
S=A+B+C+..........+N	→ Cuando se trata de n variables

En dicha fórmula, la variable de salida S está activa (1) siempre y cuando una de las variables como mínimo se encuentre activa, es decir, tome el valor "1".

La tabla de la verdad correspondiente a esta operación lógica para el caso de dos variables se muestra en la tabla de la figura 2.2, y también se puede generalizar para cualquier número de variables.

S=A+B		
A	B	S
0	0	0
0	1	1
1	0	1
1	1	1

Fig. 2.2 Tabla de la verdad de la operación lógica O para dos variables

La *función inversora (NOR)* se representa con una única variable de entrada y una de salida; siendo ésta el estado contrario al estado de la entrada, y se representa mediante la expresión:

$$S = \overline{A}$$

La figura 2.3 muestra su tabla de la verdad.

S = $\overline{A}$	
A	S
0	1
1	0

Fig. 2.3 Tabla de la verdad de la operación lógica NOR

2.3 Determinación de las funciones lógicas de un automatismo y simplificación por el método de Karnaugh

Para proceder al diseño de un automatismo de un proceso químico determinado, y una vez estudiadas las funciones básicas que determinan el comportamiento de las variables lógicas en el mismo, es necesario conocer los mecanismos que permiten determinar la función o las funciones lógicas que explican su funcionamiento, según la descripción completa del ciclo de trabajo del proceso. Las metodologías para la determinación de las funciones lógicas citadas son variadas y dependen, en muchas ocasiones, de las tecnologías que se utilicen para implementar el proceso, algunas de las cuales se irán desarrollando en capítulos posteriores.

Inicialmente, si se dispone de un sistema combinacional, se parte de la tabla de la verdad (fig. 2.4) de todas las variables del sistema y el estado de salida para cada combinación de entradas. En general, para n entradas se obtienen 2^n combinaciones de las mismas, en este caso $2^4 = 16$.

A	B	C	D	S
0	0	0	0	1
0	0	0	1	0
0	0	1	0	0
0	0	1	1	1
0	1	0	0	1
0	1	0	1	0
0	1	1	0	0
0	1	1	1	1
1	0	0	0	1
1	0	0	1	0
1	0	1	0	1
1	0	1	1	0
1	1	0	0	1
1	1	0	1	1
1	1	1	0	0
1	1	1	1	1

Fig. 2.4 Tabla de la verdad de un sistema combinacional determinado

A partir de la tabla de la verdad, se puede determinar la salida como función de las entradas, $S = f(A, B, C, D)$, según la suma de los productos formados por la combinación de todas las variables que activan la salida, con su estado negado si la variable de entrada es 0 o no negado si es 1. Con lo indicado, la función que se obtiene a partir de la tabla del ejemplo anterior sería:

$$S = \overline{A} \cdot \overline{B} \cdot \overline{C} \cdot \overline{D} + \overline{A} \cdot \overline{B} \cdot C \cdot D + \overline{A} \cdot B \cdot \overline{C} \cdot \overline{D} + \overline{A} \cdot B \cdot C \cdot D +$$

$$A \cdot \overline{B} \cdot \overline{C} \cdot \overline{D} + A \cdot \overline{B} \cdot C \cdot \overline{D} + A \cdot B \cdot \overline{C} \cdot \overline{D} + A \cdot B \cdot \overline{C} \cdot D + A \cdot B \cdot C \cdot D$$

La expresión presenta el inconveniente de no estar simplificada, por lo que la implementación del automatismo, si bien es posible llevarlo a cabo, no es la óptima si se pretenden minimizar los elementos necesarios. Diferentes métodos de simplificación permiten hallar una expresión más sencilla, con la que se puede implementar el automatismo de forma racional. Uno de los métodos más empleados es el método de mapas de Karnaugh, que, sin ser el mejor método aplicable para la resolución de la gran mayoría de aplicaciones industriales, es muy útil para iniciarse en la simplificación de este tipo de sistemas.

El método de Karnaugh convierte una expresión completa en otra más simplificada. Se transforma una suma de productos en otra expresión minimizada denominada *minimal sum product* (*MSP* o suma de productos mínima). Presenta dos características fundamentales: el empleo de un número mínimo de términos en la expresión y un mínimo número de variables en cada uno de dichos términos.

Para la aplicación del método de Karnaugh, se parte de la expresión booleana constituida por la suma de productos de variables encontrada empleando la tabla de la verdad. Mediante las matrices representadas en la figura 2.5, denominadas *mapas de Karnaugh*, se representa gráficamente dicha tabla de la verdad; dichas matrices serán distintas en función del número de variables que se desee simplificar (dos, tres, cuatro o más variables).

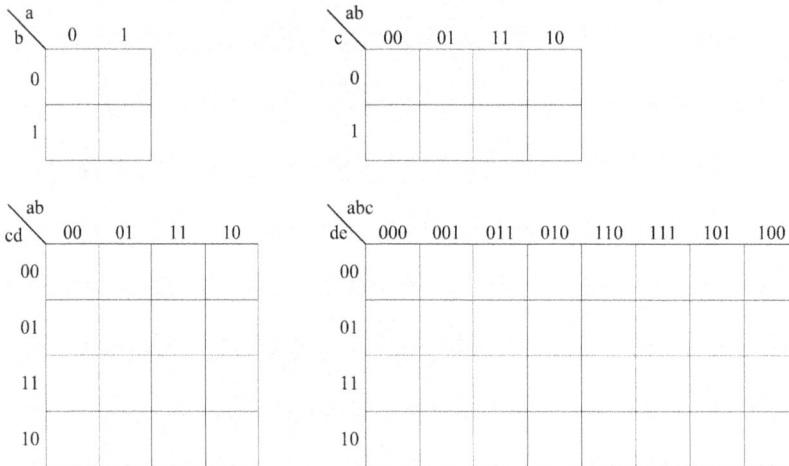

Fig. 2.5 Mapas de Karnaugh según el número de variables (2, 3, 4 o 5 variables)

En cada mapa, se encuentra una línea diagonal en la esquina superior izquierda; por encima y por debajo de la misma aparecen los símbolos de las variables implicadas (a, b, c, d, e, en el caso de cinco variables). La disposición de los valores es tal que para el mapa de cuatro variables, por ejemplo, las combinaciones de ceros y unos de la parte superior del mapa son las combinaciones posibles de las variables a y b, en este orden, y las combinaciones de dígitos binarios del lateral izquierdo son las posibles combinaciones de las variables c y d, también en ese orden; debe observarse que, al pasar de una combinación de variables a la siguiente, únicamente debe variar el estado de una de ellas.

Para la tabla de la verdad anterior, se sitúan los estados lógicos en las celdas de la matriz que corresponden al estado lógico de dicha tabla. A continuación, se agrupan los estados activos de valor "1" colocados en el mapa, siguiendo las consideraciones siguientes: sólo se permiten agrupamientos de un número de celdas que sea el resultado de 2^n (n = 0, 1, 2, 4, etc.) y nunca deben agruparse en diagonal; también se debe procurar agrupar el mayor número posible de celdas indicadas, teniendo en cuenta que los extremos contrarios de la tabla se consideran adyacentes y, por tanto, se deben agrupar. Asimismo, y si ello es posible, una misma celda puede pertenecer a más de una agrupación. El resultado de las agrupaciones es tal que únicamente se consideran elementos representativos de la misma aquellos que permanecen constantes en cada celda como resultado de la agrupación. Un mayor número de celdas agrupadas redundará en una expresión más simplificada.

En el caso del ejemplo presentado como introducción, el mapa de Karnaugh es:

$\begin{smallmatrix} & a\,b \\ c\,d & \end{smallmatrix}$	00	01	11	10
00	1	1	1	1
01	0	0	1	0
11	1	1	1	0
10	0	0	0	1

Las agrupaciones (obsérvese la agrupación de extremos contrarios, 1000 y 1010) y su simplificación son las siguientes:

$$\left.\begin{matrix} 0000 \\ 0100 \\ 1100 \\ 1000 \end{matrix}\right\} \rightarrow \bar{c}\cdot\bar{d} \qquad \left.\begin{matrix} 0011 \\ 0111 \end{matrix}\right\} \rightarrow \bar{a}\cdot c\cdot d \qquad \left.\begin{matrix} 1101 \\ 1111 \end{matrix}\right\} \rightarrow a\cdot b\cdot d \qquad \left.\begin{matrix} 1000 \\ 1010 \end{matrix}\right\} \rightarrow a\cdot\bar{b}\cdot\bar{d}$$

El resultado de la función lógica que corresponde al comportamiento de la tabla de la verdad es la suma de los términos simplificados mediante el método de Karnaugh. La expresión es la siguiente:

$$S = \bar{c}\cdot\bar{d} + \bar{a}\cdot c\cdot d + a\cdot b\cdot d + a\cdot\bar{b}\cdot\bar{d}$$

Como puede observarse, los elementos necesarios para implementar la función se han reducido considerablemente en número. La expresión obtenida podría simplificarse más si se aplican las leyes del álgebra de Boole que se indican a continuación.

2.4 Leyes del álgebra de Boole

Una vez definidas las operaciones lógicas, puede realizarse su simplificación mediante las *leyes lógicas* que rigen su comportamiento y que se presentan a continuación.

Operaciones con elemento neutro e inverso:

$$A + 1 = 1 \quad A + \overline{A} = 1$$
$$A \cdot 0 = 0 \quad A \cdot \overline{A} = 0$$
$$A \cdot A = A \quad A + A = A$$
$$A \cdot 1 = A \quad A + 0 = A$$

Doble inversión

$$\overline{\overline{A}} = A$$

Ley conmutativa:

$$A \cdot B = B \cdot A$$
$$A + B = B + A$$

Ley distributiva:

$$A \cdot (B + C) = (A \cdot B) + (A \cdot C)$$
$$A + B \cdot C = (A + B) \cdot (A + C)$$

Ley asociativa:

$$(A \cdot B) \cdot C = A \cdot (B \cdot C)$$
$$(A + B) + C = A + (B + C)$$

Absorción:

$$A + A \cdot B = A$$
$$A \cdot (A + B) = A$$

Teorema de De Morgan:

$$\overline{A \cdot B} = \overline{A} + \overline{B}$$

$$\overline{A + B} = \overline{A} \cdot \overline{B}$$

En un capítulo posterior, se demuestran de forma intuitiva las relaciones anteriores, con el empleo de circuitos neumáticos.

2.5 Ejemplos de aplicación

Los ejemplos que siguen son una aplicación directa de los conceptos indicados hasta ahora. En el primero de ellos, las combinaciones de señales generan una sola salida, mientras que en el segundo la combinación de señales puede activar dos salidas.

Ejemplo 2.5.1: Un sistema de mezclado dispone de un agitador accionado manualmente. Para su puesta en marcha, se requiere la información de tres señales suministradas por una válvula de descarga V (1, cerrada; 0, abierta) y dos detectores de nivel (L_1 ara el mínimo y L_2 para el máximo), que generan "1" cuando detectan líquido y cuya tabla de la verdad es la siguiente:

V	L_1	L_2	M
0	0	0	0
0	0	1	0
0	1	0	1
0	1	1	1
1	0	0	0
1	0	1	-
1	1	0	1
1	1	1	1

Obsérvese que existe una combinación de entradas que no puede darse nunca (101), ya que no puede estar activado el sensor de nivel L_2 sin estarlo L_1, y que puede servir para simplificar la expresión final.

En primer lugar, se obtiene el mapa de Karnaugh a partir de la tabla de la verdad y se agrupan los elementos siguiendo las instrucciones indicadas anteriormente:

L_2\\ $^{V\,L_1}$	00	01	11	10
0	0	1	1	0
1	0	1	1	-

La expresión definitiva sería $M = L_1$

Con el objetivo de simplificar la expresión, la combinación (101), que se ha indicado que no es posible, podría emplearse para agruparse con algún otro "1" no agrupado.

Ejemplo 2.5.2: En un reactor tubular en el que tiene lugar una reacción exotérmica, se han dispuesto tres sensores de temperatura en diferentes puntos que generan señales utilizadas para abrir dos válvulas, V_1 y V_2, que corresponden a circuitos de refrigeración independientes y que permiten la entrada de líquido refrigerante al sistema (la válvula V_1 permite un mayor paso de líquido refrigerante que la válvula V_2). Las combinaciones que generan los sensores mencionados y su influencia sobre las válvulas se muestran mediante la siguiente tabla de la verdad:

T_1	T_2	T_3	V_1	V_2
0	0	0	0	0
0	0	1	0	1
0	1	0	0	1
0	1	1	1	0
1	0	0	0	1
1	0	1	1	0
1	1	0	1	0
1	1	1	1	1

Para obtener la expresión que permite abrir cada una de las válvulas, se articulan los siguientes mapas de Karnaugh, basados en los datos contenidos en la tabla para cada una de las válvulas.

Para la válvula V_1:

$T_1 T_2$ / T_3	00	01	11	10
0	0	0	1	0
1	0	1	1	1

En este caso, las agrupaciones conducen a la expresión: $V_1 = T_1 \cdot T_2 + T_2 \cdot T_3 + T_1 \cdot T_3$

Para la válvula V_2:

$T_1 T_2$ / T_3	00	01	11	10
0	0	1	0	1
1	1	0	1	0

En este caso la aplicación del mapa de Karnaugh no aporta ninguna simplificación respecto a la que se obtiene directamente de la tabla:

$$V_2 = \overline{T_1} \cdot \overline{T_2} \cdot T_3 + \overline{T_1} \cdot T_2 \cdot \overline{T_3} + T_1 \cdot \overline{T_2} \cdot \overline{T_3} + T_1 \cdot T_2 \cdot T_3$$

Para simplificar la expresión anterior, se podría aplicar alguna de las leyes del álgebra de Boole.

Ejemplo 2.5.3: Un depósito que actúa como amortiguador entre dos operaciones distintas de un proceso de producción dispone de dos detectores de nivel, DA para su valor máximo y DB para su valor mínimo. Para ambos detectores, se asigna el estado lógico "1" cuando hay presencia del producto y el estado lógico "0" cuando no hay presencia del mismo. Una bomba controla el ciclo de trabajo del depósito a través de los pulsadores de marcha (S1) y paro (S2) que activan la puesta en marcha de la bomba, a la cual se asigna el estado lógico 0 cuando está en reposo y 1 cuando está activa.

Al pulsar marcha, se activará el ciclo de la bomba, a través del preactuador K1, que asignará el estado 0 en reposo, es decir, la bomba no funciona, y 1 cuando está activado, es decir, la bomba está en marcha, cada vez que el nivel esté por debajo de DB, y se desactivará cada vez que el nivel esté por encima de DA.

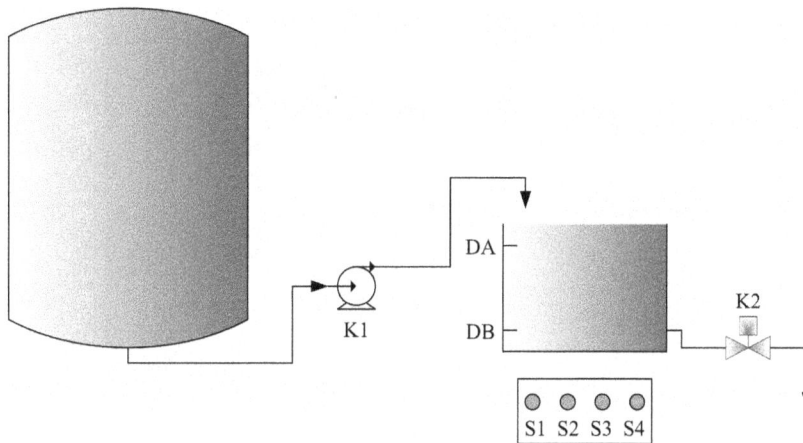

Fig. 2.6 Automatización de un depósito amortiguador entre dos procesos

Independientemente del ciclo de trabajo de la bomba, se dispone de dos pulsadores de apertura (S3) y cierre (S4) de la válvula de vaciado, que activarán la válvula de apertura K2 siempre que se pulse apertura (S3) mientras que la válvula se cerrará siempre que se pulse (S4) o el nivel esté por debajo de DB, realizando la misma asignación lógica que la empleada para la puesta en marcha y el paro de la bomba.

Determinación de las variables del sistema:

S1, S2, S3, S4, DA, DB, K1, K2.

Determinación de las variables de salida:

K1: Activación del motor

K2: Activación de la válvula de vaciado

A partir de aquí, se plantea la tabla de la verdad de las dos variables. Se puede observar que K1 y K2, están como variables de entrada y salida. Esto es debido a que el comportamiento del sistema es secuencial, por lo que la salida dependerá de las acciones que realice el usuario sobre los pulsadores, del estado de los detectores y de la situación actual de las salidas representadas por la variable K_n. La variable de salida se representa como K_{n+1}, que indica que es el estado de la salida con la combinación previa. Igualmente, se observa que hay combinaciones que no pueden ocurrir; por ejemplo, que detecte que el depósito esté lleno (DA), pero no detecte DB; en este caso, se simboliza con un guión la salida, que puede utilizarse para simplificar la expresión última (en este caso, se consideraría 1), y también puede no utilizarse para simplificar, anteponiendo la seguridad (en este caso, se consideraría 0).

S1	S2	DA	DB	$K1_n$	$K1_{n+1}$
0	0	0	0	0	0
0	0	0	0	1	1
0	0	0	1	0	0
0	0	0	1	1	1
0	0	1	0	0	-
0	0	1	0	1	-
0	0	1	1	0	0
0	0	1	1	1	0
0	1	0	0	0	0
0	1	0	0	1	0
0	1	0	1	0	0
0	1	0	1	1	0
0	1	1	0	0	0
0	1	1	0	1	0
0	1	1	1	0	0
0	1	1	1	1	0
1	0	0	0	0	1
1	0	0	0	1	1
1	0	0	1	0	1
1	0	0	1	1	1
1	0	1	0	0	-
1	0	1	0	1	-
1	0	1	1	0	0
1	0	1	1	1	0
1	1	0	0	0	0
1	1	0	0	1	0
1	1	0	1	0	0
1	1	0	1	1	0
1	1	1	0	0	0
1	1	1	0	1	0
1	1	1	1	0	0
1	1	1	1	1	0

S3	S4	DA	DB	$K2_n$	$K2_{n+1}$
0	0	0	0	0	0
0	0	0	0	1	0
0	0	0	1	0	0
0	0	0	1	1	1
0	0	1	0	0	-
0	0	1	0	1	-
0	0	1	1	0	0
0	0	1	1	1	1
0	1	0	0	0	0
0	1	0	0	1	0
0	1	0	1	0	0
0	1	0	1	1	0
0	1	1	0	0	0
0	1	1	0	1	0
0	1	1	1	0	0
0	1	1	1	1	0
1	0	0	0	0	0
1	0	0	0	1	0
1	0	0	1	0	1
1	0	0	1	1	1
1	0	1	0	0	-
1	0	1	0	1	-
1	0	1	1	0	1
1	0	1	1	1	1
1	1	0	0	0	0
1	1	0	0	1	0
1	1	0	1	0	0
1	1	0	1	1	0
1	1	1	0	0	0
1	1	1	0	1	0
1	1	1	1	0	0
1	1	1	1	1	0

El conjunto de agrupamientos que pueden realizarse en el mapa de la tabla de la verdad anterior son los siguientes:

K1:

S1 S2 DA DB K1	000	001	011	010	110	111	101	100
00	0	0	0	0	0	0	0	1
01	1	0	0	0	0	0	0	1
11	1	0	0	0	0	0	0	1
10	0	0	0	0	0	0	0	1

Del grupo formado por la combinación de los cuatro elementos de los extremos, se obtiene:

$$\overline{S2} \cdot \overline{DA} \cdot K1_n$$

Y del grupo de cuatro elementos de la derecha:

$$S1 \cdot \overline{S2} \cdot \overline{DA}$$

Por tanto, la ecuación queda:

$$K1_{n+1} = S1 \cdot \overline{S2} \cdot \overline{DA} + \overline{S2} \cdot \overline{DA} \cdot K1_n$$

Que sacando factor común queda:

$$K1_n = \overline{S2} \cdot \overline{DA} \cdot \left(S1 + K1_n\right)$$

K2:

S3 S4 DA DB K2	000	001	011	010	110	111	101	100
00	0	0	0	0	0	0	0	0
01	0	0	0	0	0	0	0	0
11	1	0	0	0	0	0	0	1
10	0	0	0	0	0	0	1	1

Del grupo formado por la combinación de los cuatro elementos de los extremos, se obtiene:

$$\overline{S4} \cdot DB \cdot K2$$

Y del grupo de cuatro elementos de la derecha:

$$S3 \cdot \overline{S4} \cdot DB$$

Por tanto, la ecuación queda:

$$K2_{n+1} = \overline{S4} \cdot DB \cdot K2_n + S3 \cdot \overline{S4} \cdot DB$$

Que, sacando factor común, queda:

$$K2_{n+1} = \overline{S4} \cdot DB \cdot \left(S3 + K2_n\right)$$

Con las expresiones calculadas para K1 y K2, queda resuelto el problema de automatización del proceso.

A pesar de que el método de Karnaugh es válido para la resolución de funciones lógicas de pocas variables, en sistemas automatizados donde el número de variables puede ser considerable, esta solución es poco práctica. Usualmente, se utiliza el denominado *método razonado*, donde las variables de salida se determinan a partir de las denominadas *variables creadoras y anuladoras*, siendo las primeras aquella variable o conjunto de variables que por sí solas activan la salida y las anuladoras aquéllas que por si solas desactivan la variable de salida.

A partir de este conjunto de variables, la determinación de la función lógica se lleva cabo a partir de la suma de creadoras, junto con la variable de memorización (siempre que el estado de las creadoras no sea permanente), multiplicadas por las negadoras negadas independientemente.

En el ejemplo anterior, puede verse que, en el caso de K1, se activará al pulsar marcha (S1), que es su única creadora. Como S1 no es permanente (se puede dejar de pulsar), se debe memorizar con su propia variable (K1). Por otro lado, K1 se puede desactivar al pulsar paro (S2) o al detectar nivel máximo, siendo éstas sus anuladoras. Por tanto, la función es tal como se ha obtenido al final del ejemplo anterior. Lo mismo puede decirse de K2. Con esta sencilla regla, se puede resolver cualquier sistema automatizado, si se analizan detenidamente las condiciones de activación y desactivación de cada una de las partes que conforman el proceso.

la automatización neumática

Uno de los caminos para realizar la automatización de un proceso químico determinado es mediante el empleo de tecnología neumática. Incluso en sistemas o procesos que no son estrictamente químicos, la automatización neumática es objeto de una amplia aplicación en la industria química. Asimismo, es remarcable la comprensión intuitiva de las funciones de los elementos neumáticos, lo que permite adentrarse en conceptos más complejos de la automatización con la base adquirida estrictamente en la neumática.

Las aplicaciones de la neumática en la industria química y en otras relacionadas con ella, tales como las industrias de la alimentación, farmacéutica, etc., son muy numerosas, y entre ellas cabe citar los elementos para elevación y descenso en baños, las regulaciones de nivel, la dosificación de reactivos, sistemas de mezcladores, sistemas de envasado, dispositivos para transporte, llenado de botellas, empaquetadoras, aperturas y cierres de sistemas de seguridad. Todos ellos forman parte de una larga lista, que justifica el conocimiento de la automatización neumática.

El empleo del aire a presión permite desarrollar las características básicas de la automatización neumática; la generación de señales lógicas es elemental, puesto que se basa en la presencia o ausencia de aire comprimido. En el caso de emplear lógica positiva, la presencia de aire a presión superior a la atmosférica corresponde a un "1" lógico y la presencia de aire a presión atmosférica corresponde a un "0" lógico. El tratamiento de las señales se lleva a cabo mediante los distribuidores neumáticos, mientras que las señales de salida generadas modifican el estado de trabajo de los actuadores neumáticos. Las conexiones entre los distintos elementos que conforman un sistema neumático se llevan a cabo generalmente mediante conducciones flexibles, cuya conexión es sencilla y rápida.

En el presente capítulo, el tratamiento de la automatización neumática se presenta de manera que se introducen, en primer lugar, aquellos elementos básicos necesarios para componer un circuito neumático; a continuación, se exponen unos circuitos elementales constituidos con elementos básicos. El capítulo concluye con el estudio y la resolución de circuitos combinacionales y secuenciales con métodos para simplificar su diseño y para minimizar sus componentes.

3.1 Introducción a la neumática: elementos básicos y circuitos elementales

3.1.1 El aire comprimido

La disponibilidad de aire comprimido para ser utilizado en sistemas neumáticos requiere unos determinados elementos y etapas que, teniendo en cuenta el objetivo del libro, únicamente se indican para su conocimiento.

La misión del *compresor* es aspirar aire a presión atmosférica y comprimirlo hasta una presión superior. Previamente, un filtro impide el paso de partículas de polvo al compresor. La compresión del aire comporta un aumento de su temperatura y la generación de agua condensada, lo que implica la existencia de un secador y un enfriador previos al almacenaje. El mencionado aire se almacena en depósitos, desde donde se envía a la instalación neumática. Finalmente, y antes de su puesta en servicio, es preciso un último acondicionado del aire, fundamental para un buen funcionamiento del sistema neumático. Consiste en un equipo de mantenimiento compuesto por un filtro, un lubricador y un regulador de presión para disponer de la presión de trabajo deseada, que permite un mejor funcionamiento y mantenimiento de los elementos móviles del circuito neumático sometidos a rozamiento (fig. 3.1).

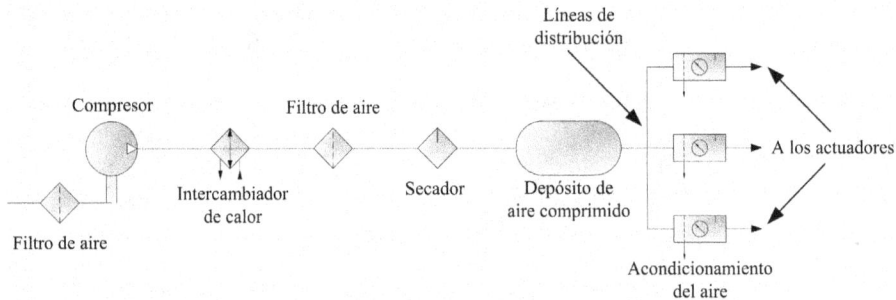

Fig. 3.1 Esquema de la producción de aire comprimido para circuitos neumáticos

3.1.2 Actuadores neumáticos: cilindros

Se trata de los elementos de un circuito neumático cuya misión es transformar la energía neumática en trabajo, mediante el desplazamiento rectilíneo de un émbolo, al que va unido un vástago, en los dos sentidos del movimiento (avance y retroceso). Dicho émbolo separa dos cámaras, que reciben la presión del sistema neumático según unas condiciones previas determinadas. Atendiendo a la forma en que se mueve el vástago del cilindro, se pueden estudiar dos grupos fundamentales de cilindros neumáticos: cilindros de simple efecto y cilindros de doble efecto.

3.1.2.1 Cilindros de simple efecto

La característica que los identifica es la realización de un trabajo en un solo sentido, puesto que su retroceso a la posición inicial se realiza generalmente mediante un muelle.

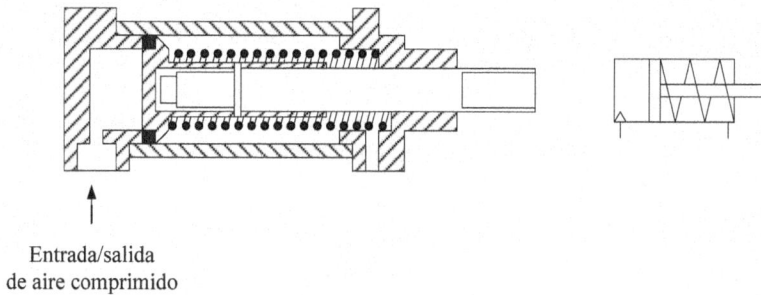

Entrada/salida
de aire comprimido

Fig. 3.2 Cilindro de simple efecto

La figura 3.2 muestra un cilindro de simple efecto en el que se aprecia una sola entrada de aire comprimido cuya presencia hace que el émbolo se desplace hacia la derecha venciendo la fuerza del muelle, y siempre que la cámara de la derecha esté libre de aire comprimido, situación que es posible mediante la tobera de escape situada a la derecha. Todos los conceptos anteriores se invierten si la posición del muelle pasa a la cámara izquierda. Frecuentemente, son elementos que presentan diámetros pequeños, con lo que precisan un consumo reducido de aire, lo que hace que los recorridos del vástago también sean cortos.

3.1.2.2 Cilindros de doble efecto

En este caso, existen dos movimientos debidos al aire comprimido: avance y retroceso, por lo que éste debe poder entrar en las dos cámaras; por esta razón, se requieren dos entradas para el mismo, que a la vez han de actuar como escape para que el aire comprimido pueda salir a la atmósfera y así permitir el movimiento del émbolo en sentido contrario.

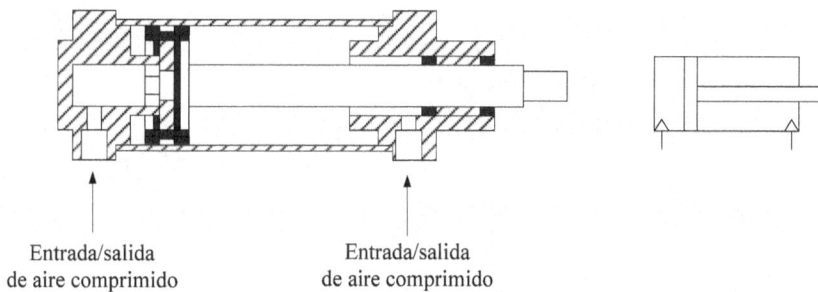

Entrada/salida
de aire comprimido

Entrada/salida
de aire comprimido

Fig. 3.3 Cilindro de doble efecto

En la figura 3.3, puede observarse el esquema de un cilindro de doble efecto en el que las dos toberas permiten tanto la entrada como la salida del aire comprimido. Debe tenerse en cuenta que el vástago no podrá avanzar o retroceder si la cámara opuesta no evacua el aire comprimido que le ha permitido alcanzar la posición en la que se encuentra. En el caso de un cilindro de doble efecto, hay que destacar que es necesario que lleguen al mismo dos señales de aire comprimido para accionarlo en ambos sentidos, con lo que puede considerarse que el cilindro "recuerda" el efecto de la última señal hasta que llega la contraria (efecto memoria), que desplaza el vástago en sentido opuesto, siempre y cuando el aire comprimido de la otra cámara haya sido desalojado a la atmósfera. La menor superficie disponible al retroceder el vástago (por la presencia del émbolo) hace que se desarrolle menor fuerza, a igualdad de presión en la otra cámara.

Las ventajas de los cilindros de doble efecto frente a los de simple efecto son considerables, puesto que permiten realizar trabajo en ambos sentidos y se ahorra la fuerza necesaria para comprimir el muelle, aunque el consumo de aire comprimido es superior.

3.1.3 Válvulas neumáticas

De entre el conjunto elevado de válvulas neumáticas, se han escogido únicamente dos tipos para exponer los conceptos básicos para la automatización en este campo: *válvulas distribuidoras o de vías y válvulas de función propia (válvulas lógicas).* Las primeras permiten cambiar las conexiones entre los conductos de aire comprimido según determinadas señales recibidas; las segundas permiten realizar determinadas funciones lógicas.

3.1.3.1 Válvulas distribuidoras o de vías

La norma ISO-1219 expone la manera de representar las distintas válvulas distribuidoras. Para poder llevarlo a cabo, se deberán tener encuenta los siguientes puntos:
  – *Número de vías.* Es el número de conexiones de la válvula que se pueden acoplar entre ellas. Se denominan como sigue:
    Conexión de alimentación de aire comprimido: 1 vía (P)
    Conexiones de trabajo de aire comprimido: diversas vías (A, B,...)
    Conexiones de escape de aire comprimido: diversas vías (R, S,...)
  – *Número de posiciones.* Es el número de conexiones distintas que se pueden realizar entre las vías de la válvula; como mínimo deben existir dos.

Representación simbólica

Para poder representar simbólicamente tanto el número de posiciones de trabajo como el de vías, se deben tener en cuenta las siguientes consideraciones:

a) El número de cuadrados o de rectángulos es igual al número de posiciones que tenga la válvula. En las válvulas de dos (tres) posiciones, la posición de reposo o de partida está representada por el rectángulo de la derecha (central):

b) Representación de las diferentes vías:

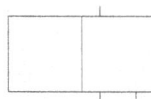

c) Representación de la vía de alimentación de aire comprimido:

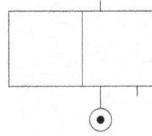

d) Representación de la vía de escape de aire comprimido y de las vías cerradas:

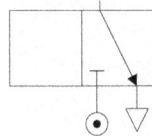

e) Representación de las conexiones establecidas entre las vías abiertas de la posición de la válvula y de la otra u otras posiciones de la válvula en el otro u otros rectángulos.

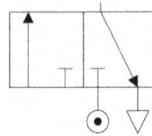

f) La nomenclatura de las válvulas indica el número de vías en primer lugar y el número de posiciones en segundo lugar (número de vías/número de posiciones). Los accionamientos se representan en los dos extremos de la válvula. Ejemplo de representación del tipo de accionamiento y de retorno de la válvula: válvula distribuidora 3/2 (tres vías y dos posiciones), normalmente cerrada, de accionamiento manual y retorno por muelle.

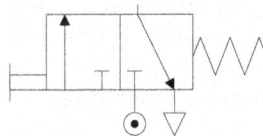

Clasificación y representación de los accionamientos

Una representación gráfica (fig. 3.4) permitirá reconocer algunos de los accionamientos y retornos básicos empleados para las válvulas.

Accionamiento manual

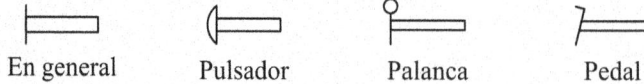

En general   Pulsador   Palanca   Pedal

Accionamiento mecánico

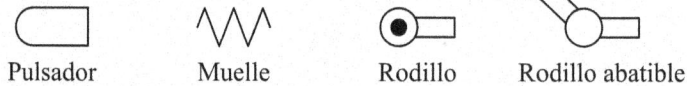

Pulsador   Muelle   Rodillo   Rodillo abatible

Accionamiento eléctrico

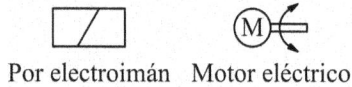

Por electroimán   Motor eléctrico

Accionamiento por presión

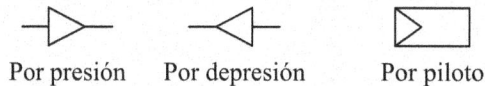

Por presión   Por depresión   Por piloto

Fig. 3.4 Representación de diferentes modos de accionamiento

A continuación, se describen algunas de las válvulas elementales más utilizadas en el diseño de circuitos neumáticos; se trata de presentar algunos ejemplos básicos de válvulas neumáticas de los muchos que existen. En ocasiones, su morfología puede variar, aunque su concepto de operación en un circuito neumático es esencialmente el mismo.

Válvula 2/2 de accionamiento manual y retorno por muelle

La válvula 2/2 representada en la figura 3.5 se acciona mediante un pulsador y su retorno a la posición inicial se lleva a cabo mediante un muelle. Su misión es muy simple, ya que permite o se opone al paso de aire comprimido. Su representación simbólica, como todas las correspondientes a válvulas distribuidoras o de vías, sigue las normas expuestas anteriormente.

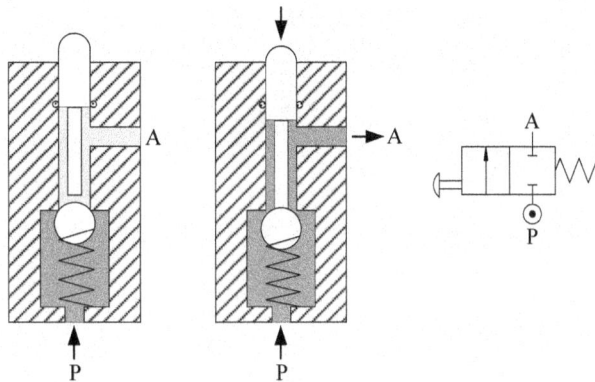

Fig. 3.5 Válvula 2/2 de accionamiento por pulsador y retorno al reposo por muelle

Válvula 3/2 de accionamiento manual y retorno por muelle

En este caso (fig. 3.6), se dispone de tres vías, una para la entrada de aire comprimido, una para el consumo del mismo y la última para el escape. Las disposiciones posibles permiten conectar P con A o A con R.

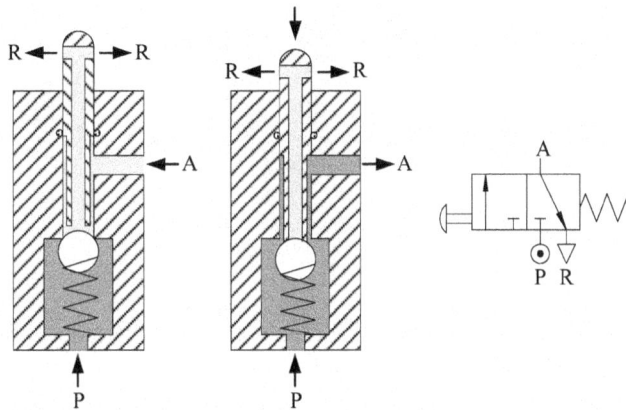

Fig. 3.6 Válvula 3/2 de accionamiento manual y retorno al reposo por muelle

Con este modelo de válvula, es posible el mando directo de un cilindro de simple efecto y, con dos válvulas 3/2, es posible el mando de un cilindro de doble efecto, como se verá posteriormente.

Válvula 4/2 con accionamientos neumáticos

El esquema de esta válvula (fig. 3.7) permite presentar por primera vez el empleo de aire comprimido para el accionamiento y el retorno de la misma.

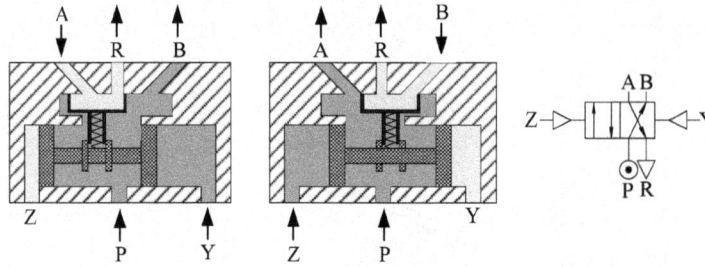

Fig. 3.7 Válvula 4/2 de accionamiento neumáticos

Con este tipo de válvulas, es posible el accionamiento de un cilindro de doble efecto utilizando una sola válvula.

Válvula 4/2 de accionamiento por rodillo y retorno por muelle

Se trata de una válvula distribuidora muy utilizada (fig. 3.8) como sensor de finales de carrera para determinados cilindros, debido a su accionamiento mediante un rodillo que puede ser activado fácilmente por el vástago del propio cilindro.

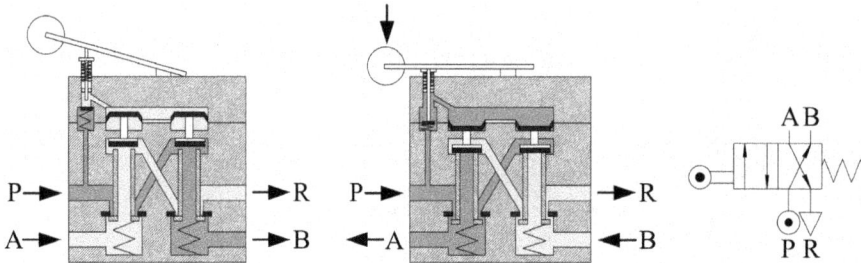

Fig. 3.8 Válvula 4/2 de accionamiento por rodillo y retorno al reposo por muelle

También puede observarse que se trata de un elemento servopilotado, aprovechando parte del aire comprimido que llega a la válvula para accionar la misma.

Válvula 4/2 con accionamientos eléctricos

En este caso, la activación de la válvula se realiza eléctricamente a través de un solenoide que hace bascular el accionamiento por el campo magnético generado al aplicar una señal eléctrica (fig. 3.9).

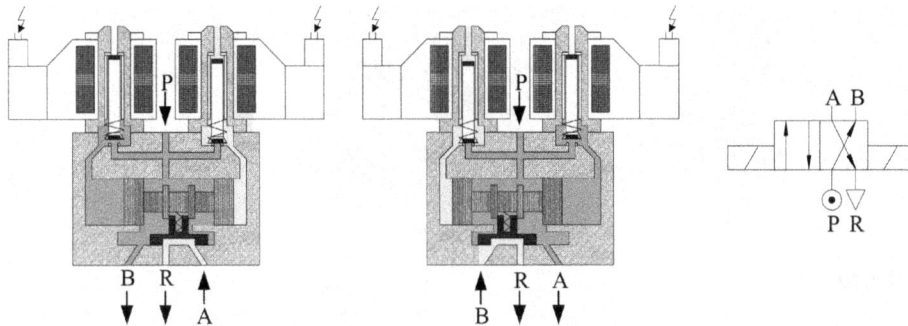

Fig. 3.9 Válvula 4/2 con accionamientos eléctricos

Este tipo de válvula permite generar señales neumáticas a partir de señales eléctricas, con lo que se relacionan dos tecnologías distintas: la eléctrica y la neumática.

Válvula 5/2 con accionamientos neumáticos

La figura 3.10 representa el esquema de este tipo de válvula; aunque existen siete toberas por las que puede circular el aire comprimido, únicamente cinco de ellas pueden conectarse entre sí; las otras dos toberas se utilizan para los accionamientos de la válvula. La nueva tobera incorporada se utiliza como escape, por lo que la diferencia entre una válvula 4/2 y una válvula 5/2 se encuentra en la presencia de dos toberas de escape en esta última.

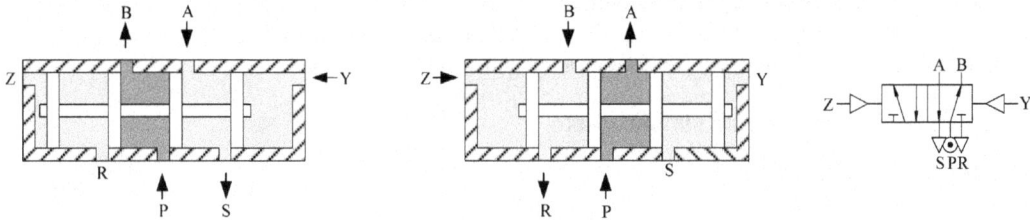

Fig. 3.10 Válvula 5/2 con accionamientos neumáticos

3.1.3.2 Válvulas de función propia (válvulas lógicas)

La simple observación de los esquemas presentados permite comprender el funcionamiento de las válvulas de función propia que se muestran a continuación.

Válvula O lógica

La presencia de aire comprimido en cualquiera de las dos entradas X o Y permite tener señal de aire comprimido en la salida A (fig. 3.11).

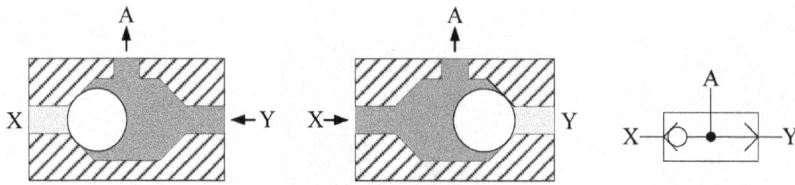

Fig. 3.11 Válvula O lógica

Válvula Y lógica

Para conseguir tener señal neumática en la salida A, es necesario que en ambas entradas (X, Y) exista señal de aire comprimido (fig. 3.12).

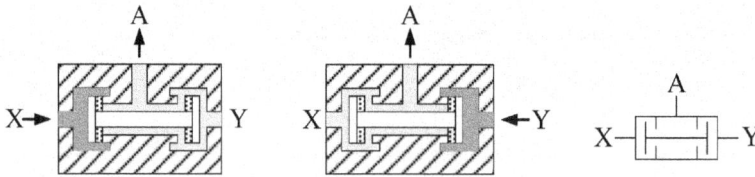

Figura 3.12 Válvula Y lógica

3.1.4 Circuitos elementales para el mando de cilindros de simple y de doble efecto

Se presentan diversos circuitos elementales, por orden de dificultad, que permiten relacionar los cilindros y las válvulas vistos hasta ahora, con el fin de obtener señales de accionamiento de los dos tipos de cilindros mediante combinaciones de diferentes válvulas.

3.1.4.1 Mando de un cilindro de simple efecto

Mando directo

La válvula 3/2 es el mínimo elemento direccional que permite el mando de un cilindro de simple efecto, puesto que presenta un orificio de escape, necesario para la evacuación del aire comprimido que ha permitido el avance del cilindro (fig. 3.13).

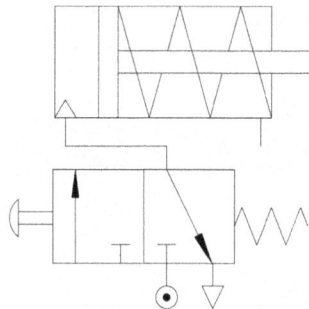

Fig. 3.13 Mando directo de un cilindro de simple efecto

Mando directo en serie y en paralelo

La combinación adecuada de dos válvulas de simple efecto (fig. 3.14) permite construir el mando de un cilindro de simple efecto, en serie y en paralelo.

Mando directo en paralelo   Mando directo en serie

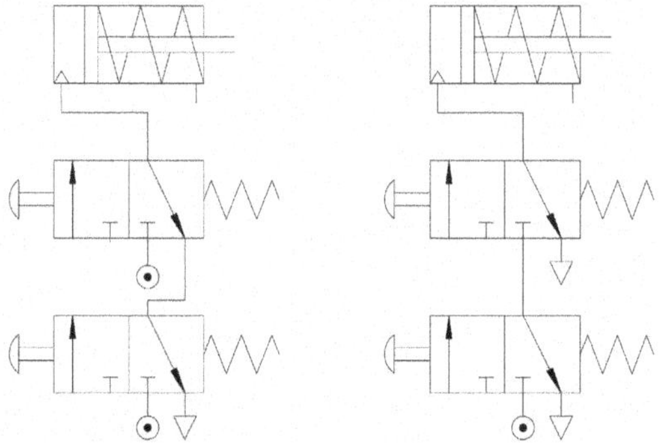

Fig. 3.14 Mando directo de un cilindro de simple efecto, en serie y en paralelo

En el primer caso (mando directo en paralelo), con accionar una sola de las dos válvulas es suficiente para hacer avanzar al cilindro (simulación de O lógica). Sin embargo, para que el cilindro avance en el segundo caso (mando directo en serie), es necesario accionar las dos válvulas (simulación de Y lógica).

3.1.4.2 Mando de un cilindro neumático de doble efecto

Mando directo

El accionamiento de un cilindro neumático de doble efecto, directamente con las válvulas utilizadas, se puede realizar mediante tres combinaciones distintas de las mismas, ya sea empleando dos válvulas 3/2 o bien una sola válvula 4/2 o 5/2 (fig. 3.15).

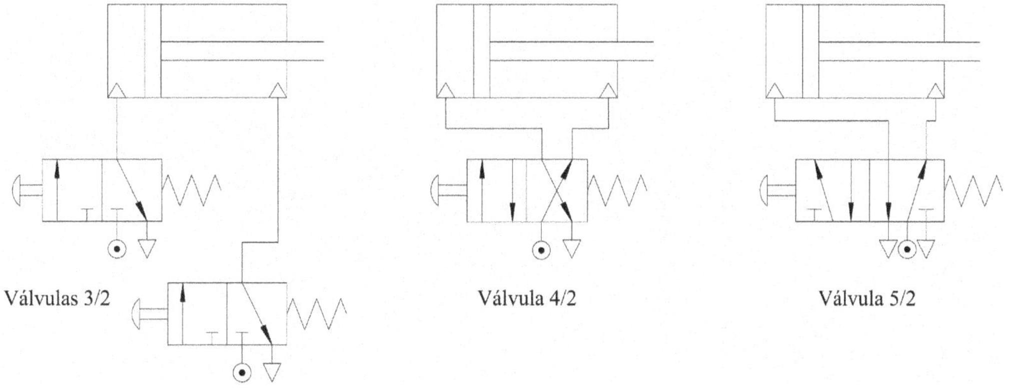

Válvulas 3/2   Válvula 4/2   Válvula 5/2

Fig. 3.15 Mando directo de un cilindro de doble efecto empleando tres tipos distintos de válvulas

Mando indirecto

El mando indirecto de un cilindro de doble efecto mediante una válvula 4/2 o 5/2 de accionamiento y retorno neumáticos requiere dos válvulas que permitan la llegada del aire comprimido a los accionamientos de la válvula previa al cilindro (fig. 3.16).

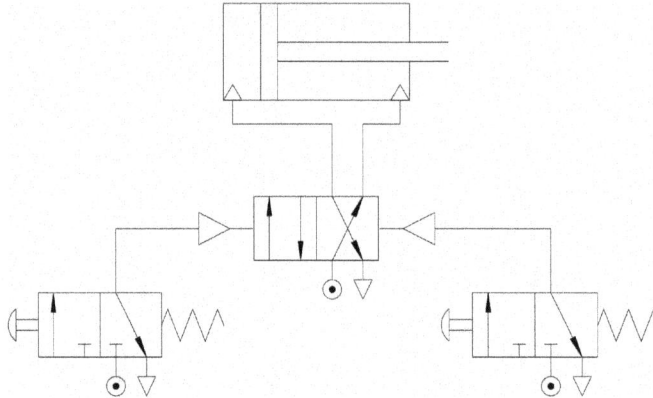

Fig. 3.16 Mando indirecto de un cilindro de doble efecto

Mando indirecto con retroceso del cilindro por final de carrera

En este caso, cuando el cilindro llega a su final de carrera, acciona una válvula 3/2 (a_1) que, a su vez, acciona la válvula asociada al cilindro haciendo que el mismo retroceda hasta su posición inicial (fig. 3.17).

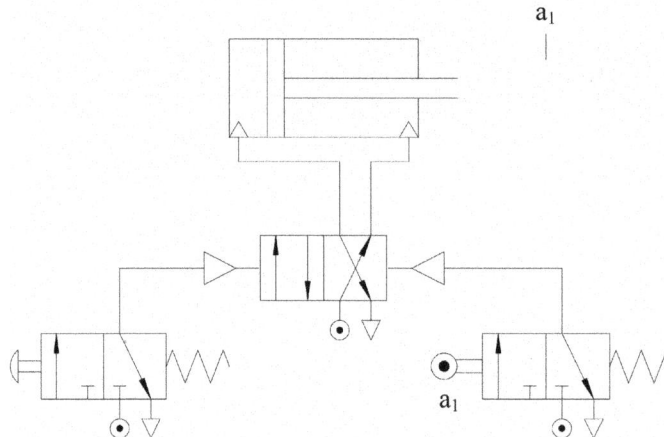

Fig. 3.17 Mando indirecto de un cilindro de doble efecto con retroceso por final de carrera

Con todo ello, la generación de una sola señal permite el ciclo completo del cilindro (avance y retroceso).

Mando indirecto con movimiento de vaivén continuo del cilindro por finales de carrera con parada en una posición fija

Los dos finales de carrera del cilindro accionan dos válvulas 3/2, que hacen que el cilindro esté en vaivén continuo mientras esté accionada la válvula 3/2 (fig. 3.18). También se observa que, al cesar la señal de accionamiento, el cilindro acabará el ciclo de trabajo y permanecerá en reposo en su posición inicial.

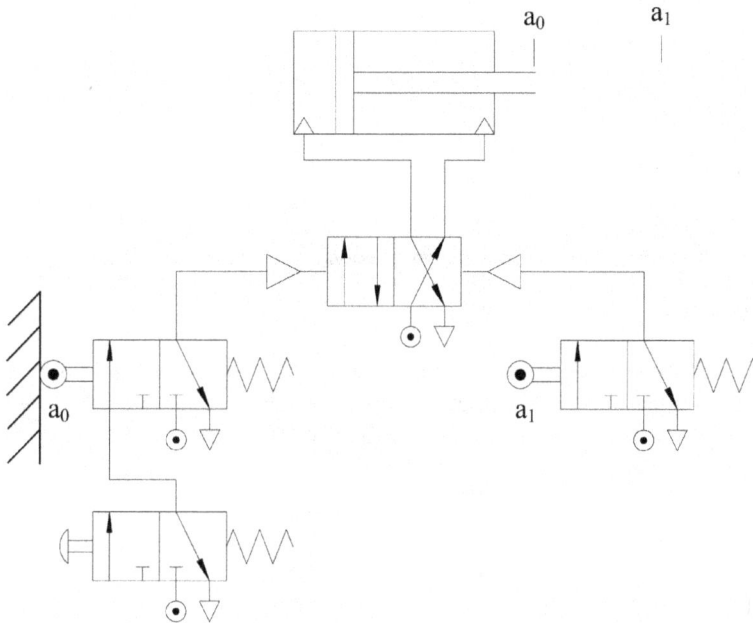

Fig. 3.18 Mando indirecto de un cilindro de doble efecto con movimiento de vaivén continuo

Debe observarse que las posiciones del cilindro están localizadas por el accionamiento de las válvulas situadas como finales de carrera.

La combinación de válvulas de vías y de función propia permite la realización de circuitos elementales como los tres que se indican a continuación.

Mando indirecto con avance del cilindro en paralelo (válvula O)

El esquema (fig. 3.19) muestra que, para que el cilindro avance, es necesario que la válvula O reciba una de las dos señales o las dos a la vez, a través de sus entradas, puesto que es la válvula que permite la llegada de aire comprimido a la que acciona el cilindro, para cuyo retroceso será necesaria una sola señal.

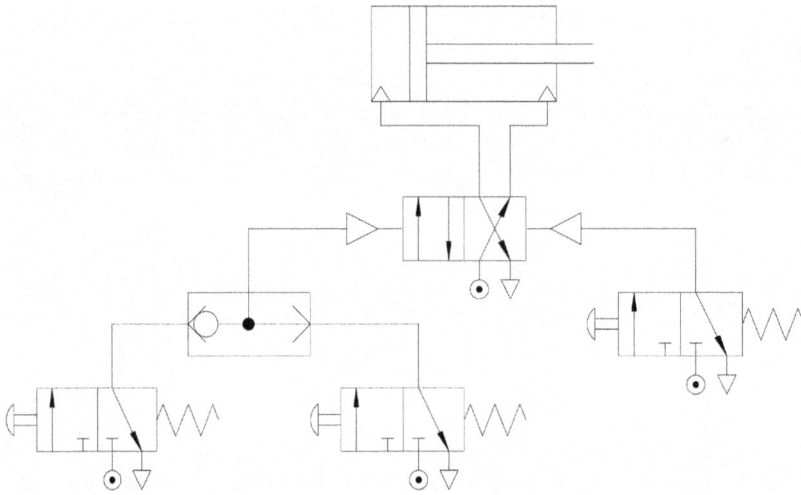

Fig. 3.19 Mando indirecto de un cilindro de doble efecto con avance en paralelo

Mando indirecto con avance del cilindro en serie

El esquema (fig. 3.20) muestra que, para que el cilindro avance, es necesario que la válvula Y reciba las dos señales al mismo tiempo, puesto que es la válvula que permite la llegada de aire comprimido a la válvula que acciona el cilindro, para cuyo retroceso será necesaria únicamente una sola señal.

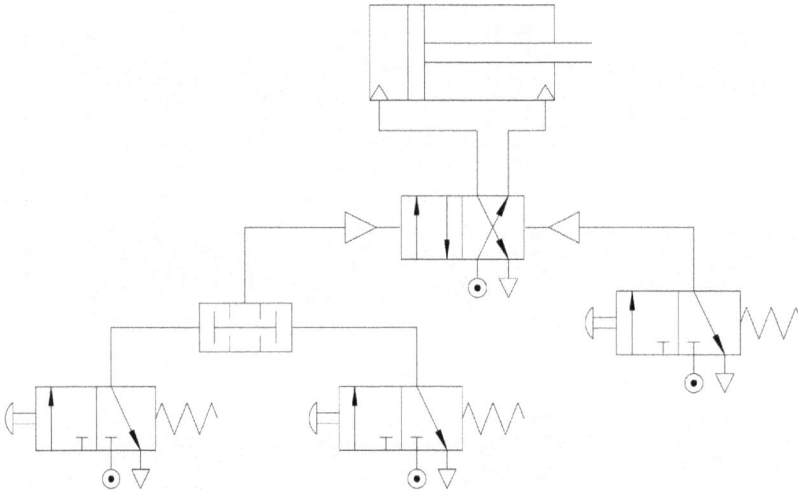

Fig. 3.20 Mando indirecto de un cilindro de doble efecto con avance en serie

Mando indirecto con avance del cilindro en serie (válvula 3/2)

El esquema (fig. 3.21) es muy similar al anterior, con la diferencia de la sustitución de la válvula Y por una válvula 3/2. En este caso, se observa que una válvula distribuidora (3/2), debidamente conectada, realiza la misma misión que una válvula de función propia (Y).

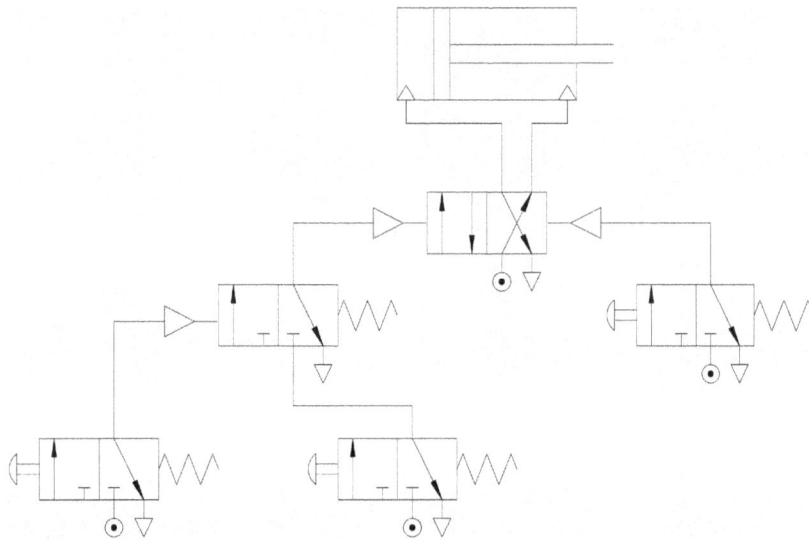

Fig. 3.21 Mando indirecto de un cilindro de doble efecto con avance en serie (válvula 3/2)

3.1.5 Circuitos neumáticos de las leyes del álgebra de Boole

La realización de las leyes del álgebra de Boole (teoremas booleanos, leyes distributivas y teorema de De Morgan) mediante componentes básicos neumáticos permite obtener una visión práctica de los mismos y de sus aplicaciones más inmediatas, con el empleo de los elementos fundamentales vistos hasta el momento.

3.1.5.1 Teoremas booleanos

Mediante el empleo de las válvulas Y y O, se pueden demostrar las distintas leyes lógicas del álgebra de Boole, expuestas en el capítulo 2 (fig. 3.22)

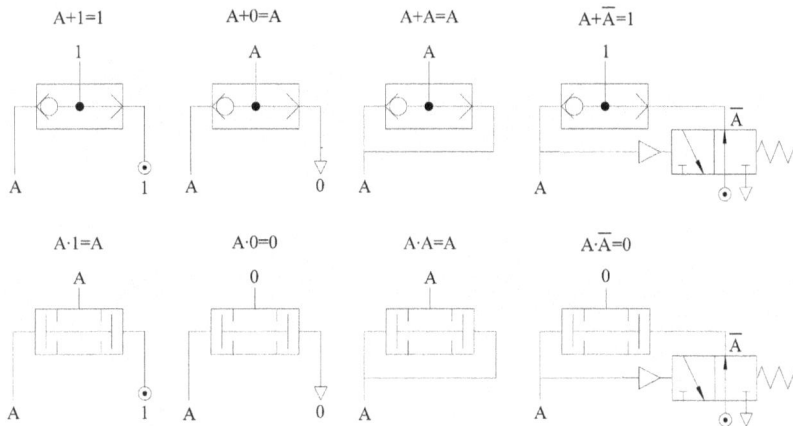

Fig. 3.22 Teoremas booleanos efectuados mediante elementos neumáticos

3.1.5.2 Leyes distributivas

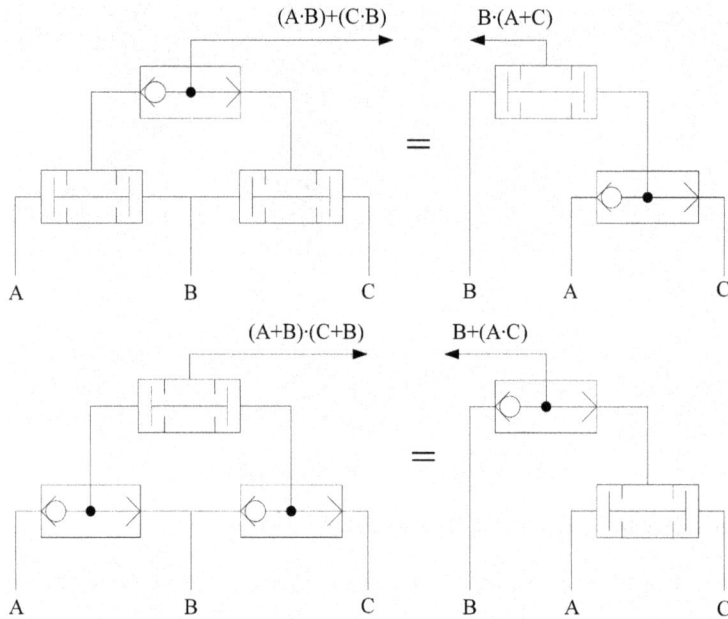

$$(A \cdot B)+(C \cdot B) \qquad B \cdot (A+C)$$

$$(A+B) \cdot (C+B) \qquad B+(A \cdot C)$$

Fig. 3.23 Leyes distributivas del álgebra de Boole efectuadas mediante elementos neumáticos

3.1.5.3 Teorema de De Morgan

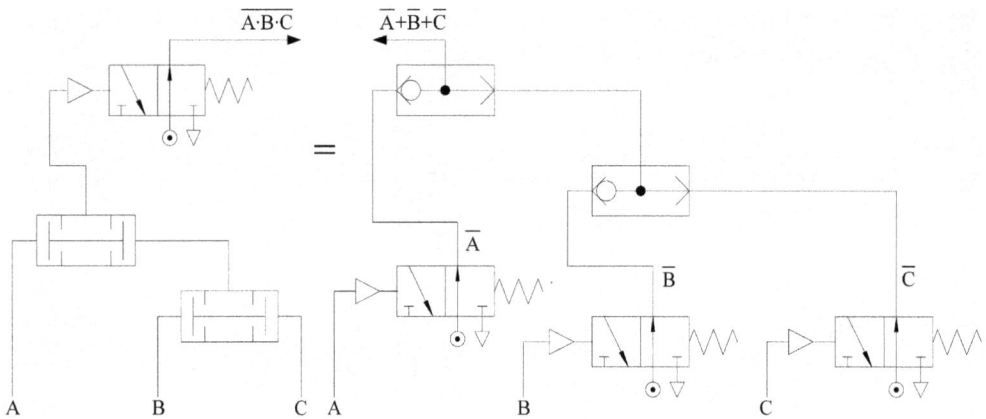

$$\overline{A \cdot B \cdot C} \qquad \overline{A}+\overline{B}+\overline{C}$$

Fig. 3.24 Teorema de De Morgan para tres variables aplicado a elementos neumáticos

3.2 Diseño de sistemas neumáticos

Una vez familiarizados con los elementos básicos para la implantación de sistemas con tecnología neumática, se presentan a continuación diversas opciones para el diseño de circuitos combinacionales y secuenciales.

3.2.1 Sistemas combinacionales neumáticos

Tal como se ha indicado antes, las salidas de un sistema combinacional dependen únicamente del estado de sus señales de entrada, sin tener en cuenta cualquier otra variable que pudiera influir. Para el diseño de un sistema combinacional neumático, es conveniente resolver las diferentes situaciones siguiendo la secuencia de pasos que se indica a continuación; en algún caso, es posible obviar alguno de ellos.

1. Analizar el conjunto de todas las señales de entrada posibles, estudiando las diferentes combinaciones de las mismas que generan el conjunto de señales de salida, siempre según el proceso que se está estudiando.
2. Construir una tabla de la verdad con columnas para todas las combinaciones de las señales de entrada y una columna (o columnas) para la señal (o señales) de salida obtenidas. Además, es recomendable incluir aquellas combinaciones de entradas que no sea posible obtener en situaciones reales en el proceso objeto de estudio.
3. Construir un diagrama de Karnaugh con las normas indicadas previamente e introducir los 1 y 0 en el diagrama, según la tabla de la verdad.
4. Aplicar las normas de los diagramas de Karnaugh.
5. Obtener la ecuación a partir del diagrama de Karnaugh.
6. Con una aplicación de las leyes del álgebra de Boole, minimizar más las ecuaciones obtenidas anteriormente.
7. Reducir al máximo el hardware necesario y dibujar el circuito con la simbología adoptada correspondiente.

Para facilitar la comprensión de la secuencia de trabajo indicada, a continuación se presenta una colección de ejemplos de dificultad progresiva, en los que se aplican los puntos indicados antes, con el objetivo de obtener los circuitos neumáticos que cumplan con las condiciones de combinación indicadas, minimizando los elementos empleados.

Ejemplo 3.1

Un proceso de mezcla por cargas consiste en la adición de dos líquidos, A y B. La mezcla de ambos productos puede producir un aumento de temperatura en el mezclador que no debe superar determinadas condiciones. El líquido A se adiciona de manera continua mediante una válvula y el líquido B de forma discontinua mediante otra válvula cuya apertura depende de la combinación de las tres temperaturas proporcionadas por tres sensores dispuestos estratégicamente (T_1, T_2 y T_3). Si dos de ellos superan unos valores determinados previamente, la válvula que permite la adición de B (V, abierta en reposo) se cierra hasta que las temperaturas de dos de los sensores vuelven a estar por debajo de sus valores máximos. Los sensores de temperatura generan un 1 cuando sus valores están por encima del valor máximo que se envía a un sistema neumático para el cierre o la apertura de la válvula V, la cual se cierra cuando recibe un 1. La combinación de señales está indicada en la tabla de la verdad.

De estos requisitos, se desprende que únicamente interesa una combinación de salidas determinada, puesto que se trata de abrir o cerrar una sola válvula. A partir de los datos indicados, se construye la tabla de la verdad correspondiente:

T_1	T_2	T_3	V
0	0	0	0
0	0	1	0
0	1	0	0
0	1	1	1
1	0	0	0
1	0	1	1
1	1	0	1
1	1	1	1

Para calcular la expresión minimizada de la tabla anterior, se aplica el método de Karnaugh con la distribución expuesta en el capítulo 2, únicamente para aquellas combinaciones que generan un 1 como salida de las mismas.

T_1T_2 / T_3	00	01	11	10
0	0	0	1	1
1	0	1	1	1

Se realizan tres agrupaciones, que permitirán simplificar la expresión última. Se obtiene:

$$V = T_1 \cdot T_2 + T_2 \cdot T_3 + T_1 \cdot T_3$$

que será la expresión que deberá realizar el circuito neumático combinacional correspondiente. Las válvulas generadoras de señal serán del tipo 3/2 de accionamiento eléctrico y retorno por muelle, puesto que en este caso no hay que generar señales negadas.

En el ejemplo presente, puede observarse que la generación de entradas al circuito neumático se lleva a cabo mediante señales eléctricas que se transforman en los accionamientos del circuito neumático (fig. 3.25).

$$V = T_1 \cdot T_2 + T_2 \cdot T_3 + T_1 \cdot T_3$$

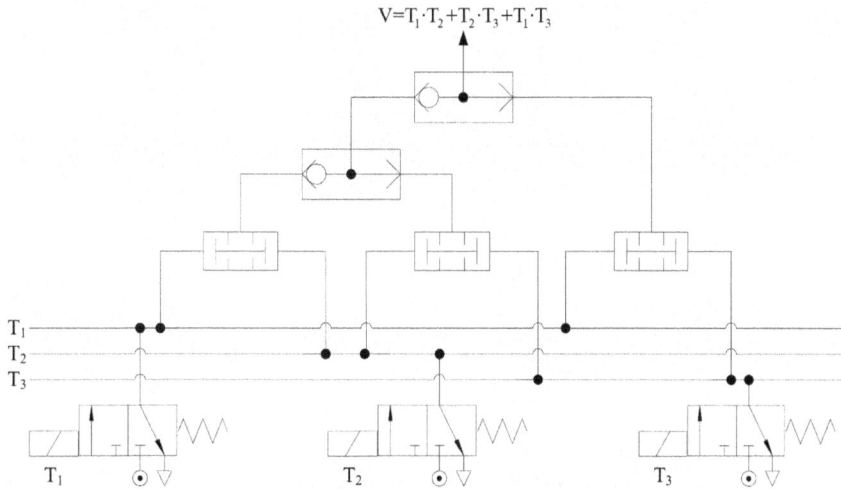

Fig. 3.25 Circuito neumático correspondiente al ejemplo 3.1

Ejemplo 3.2

Un sistema de mezcla por cargas similar al del ejemplo anterior permite la adición de dos líquidos mediante la apertura o el cierre de dos válvulas (cerradas en caso de no recibir señal neumática, contrariamente al ejemplo anterior). En este caso, y para evitar aumentos de temperatura en la mezcla, ambas válvulas pueden ser operadas de acuerdo con las señales eléctricas generadas por los sensores dispuestos en el mezclador. La tabla de la verdad adjunta indica las posibles combinaciones de los sensores que coordinan la posición de las válvulas (ambas están cerradas en reposo). En este caso, se trata de obtener un circuito combinacional que debe generar dos salidas, cada una de ellas para una válvula distinta. También se observa que una única combinación permite que ambas válvulas permanezcan abiertas al mismo tiempo.

T1	T2	T3	V1	V2
0	0	0	1	1
0	0	1	1	0
0	1	0	1	0
0	1	1	0	1
1	0	0	1	0
1	0	1	0	1
1	1	0	0	1
1	1	1	0	0

Se emplean dos diagramas de Karnaugh, uno para cada válvula, lo que permite reducir individualmente la expresión para cada una de ellas. En el caso de V_2, la única agrupación posible es la de cada uno de los términos individualmente.

Válvula V_1

T_3 \ $T_1 T_2$	00	01	11	10
0	1	1	0	1
1	1	0	0	0

Válvula V_2

T_3 \ $T_1 T_2$	00	01	11	10
0	1	0	1	0
1	0	1	0	1

Las expresiones para las dos válvulas son:

$$V_1 = \overline{T_1} \cdot \overline{T_3} + \overline{T_1} \cdot \overline{T_2} + \overline{T_2} \cdot \overline{T_3}$$

y

$$V_2 = \overline{T_1} \cdot \overline{T_2} \cdot \overline{T_3} + T_1 \cdot T_2 \cdot \overline{T_3} + \overline{T_1} \cdot T_2 \cdot T_3 + T_1 \cdot \overline{T_2} \cdot T_3$$

En este caso, las dos soluciones posibles deben agruparse en un mismo circuito combinacional neumático. A diferencia del ejemplo anterior, se necesitan válvulas neumáticas que generen señal a partir de la existencia o no de señal eléctrica de los sensores de temperatura, por lo que se utilizan válvulas 4/2 de accionamiento eléctrico y retorno por muelle. No se consideran más simplificaciones que las que permite el método de Karnaugh. El circuito combinacional neumático es el que se muestra en la figura 3.26.

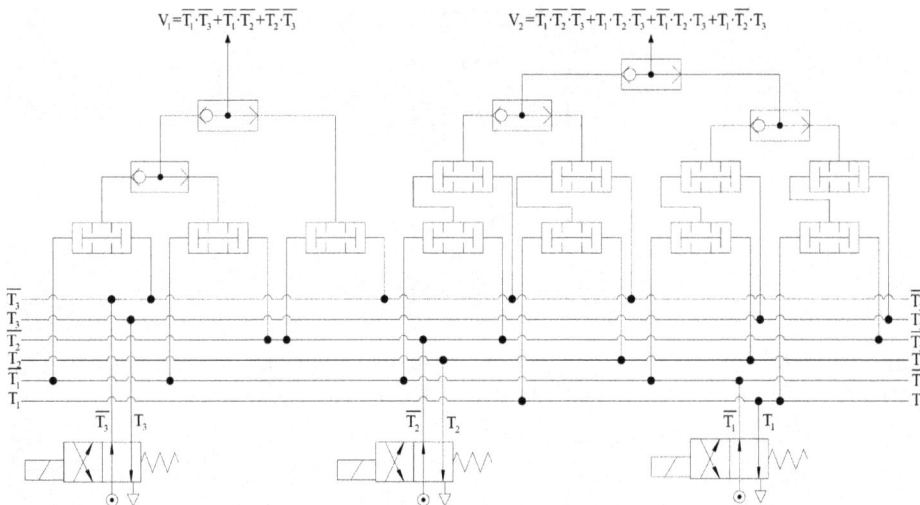

Fig. 3.26 Circuito neumático correspondiente al ejemplo 3.2

Para la generación de una señal y de su correspondiente negación, también se pueden disponer las válvulas 3/2 según se muestra en la figura 3.27, aunque son necesarias dos válvulas en lugar de una sola.

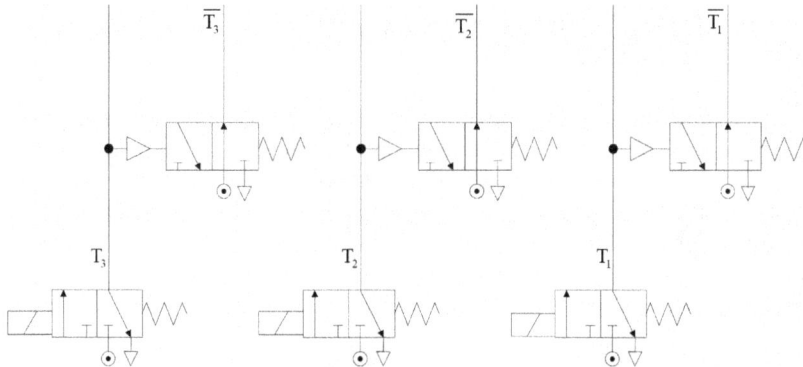

Fig. 3.27 Generación de una señal y su negación mediante dos válvulas 3/2 en lugar de una sola válvula 4/2

3.2.2 Circuitos secuenciales neumáticos

Para el diseño de circuitos secuenciales neumáticos, se expone un método cuyo objetivo es obtener la mínima expresión que permita realizar la secuencia con el menor número posible de elementos neumáticos y cuya aplicación se verá limitada a la utilización de cilindros de doble efecto controlados por una válvula biestable (válvula 4/2 de accionamiento y retorno neumáticos). Asimismo, las posiciones retraída y extendida del vástago del cilindro accionan, cada una de ellas, una válvula 3/2 de retorno por muelle (a_0 y a_1), lo que les permite actuar como sensores de posición cuando el vástago se encuentra en cualquiera de sus correspondientes finales de carrera. Hay que indicar que con este método las diferentes secuencias del circuito neumático se cumplirán, siempre y cuando la secuencia anterior se haya cumplido, lo que significa que habrá necesariamente una comprobación que indique que se ha realizado el movimiento indicado (mediante el accionamiento de la válvula 3/2). El esquema del sistema formado por el cilindro y las tres válvulas se puede observar en la figura 3.28.

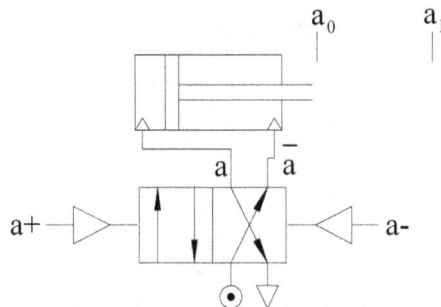

Fig. 3.28 Disposición del cilindro y las tres válvulas en la aplicación del método

Para simplificar la nomenclatura, se considera que A+ indica un avance del vástago del cilindro A+ y A− supone un retroceso del vástago del mismo cilindro; lo mismo se aplica a los demás cilindros.La exposición de este método mediante una aplicación detallada permite introducirse con mayor facilidad en el mismo; para ello, se plantea resolver con el máximo detalle la secuencia A+ B+ C+ A− C− B−. Durante el planteamiento y desarrollo, se discutirán las diferentes situaciones que se pueden presentar.

En primer lugar, se construye una tabla cuya primera columna contiene el número de las fases de la secuencia indicada (6 en este caso). En la columna contigua, se escriben los movimientos correspondientes. Las siguientes columnas corresponden a cada elemento de potencia (cilindro). En estas columnas, se indica el estado de los sensores de los finales de carrera de los cilindros. Para rellenar las tres últimas columnas, se procede como sigue: se observa la primera fase y se anota en la siguiente el subíndice del sensor que será accionado al finalizar el movimiento de esta fase y así sucesivamente (tabla 3.1).

		a	b	c
1	A+		0	
2	B+	1		
3	C+		1	
4	A-			1
5	C-	0		
6	B-			0

Tabla 3.1 Resultado después de tener en cuenta los accionamientos generados por los movimientos de las fases

Es recomendable que los subíndices se señalen con un círculo, y se les denomina *variables activas*; posteriormente, se completa la tabla con 1 y 0 de la manera indicada en la tabla 3.2. La notación indicada en la fase 1, correspondiente a A+, representa el estado de los finales de carrera que se da antes de producirse la orden (a+) que ha de provocar el movimiento A+; así se dispone de las señales que emiten los sensores a_0, b_0, c_0.

		a	b	c
1	A+	0	(0)	0
2	B+	(1)	0	0
3	C+	1	(1)	0
4	A-	1	1	(1)
5	C-	(0)	1	1
6	B-	0	1	(0)

Tabla 3.2 Resultado después de completar todos los elementos de la misma

En este punto, es importante tener en cuenta la posibilidad de la existencia de *repetición de fases*; se trata de la situación en la que existe más de una combinación idéntica de señales, generada por los finales de carrera. Por ejemplo, una secuencia tan simple como A+ B+ B− A− presenta esta situación (tabla 3.3).

		a	b
1	A+	⓪	0
2	B+	①	0
3	B-	1	①
4	A-	1	⓪

Tabla 3.3 Resultado con combinación de movimientos que da lugar a una repetición de fases

En las filas 2 y 4, se dispone de las mismas señales. La manera de resolver esta situación se verá más adelante.

Volviendo al ejemplo inicial; para ver si hay situaciones idénticas (repetición de fases), se considera la combinación de cada fase como una expresión en el sistema binario y se pasa a decimal; en caso de que no haya coincidencias, se puede afirmar que no hay repetición de fases (tabla 3.4).

		a	b	c	
1	A+	0	⓪	0	0+0+0=0
2	B+	①	0	0	4+0+0=4
3	C+	1	①	0	4+2+0=6
4	A-	1	1	①	4+2+1=7
5	C-	⓪	1	1	0+2+1=3
6	B-	0	1	⓪	0+2+0=2

Tabla 3.4 Comprobación de la existencia o no de repetición de fases

Si se busca la misma expresión en el ejemplo indicado antes con repetición de fases, se observa la existencia de dos filas idénticas (tabla 3.5), al repetirse el mismo valor en base diez para dos fases distintas:

		a	b	
1	A+	⓪	0	0+0=0
2	B+	①	0	2+0=2
3	B-	1	①	2+1=3
4	A-	1	⓪	2+0=2

Tabla 3.5 Comprobación de la repetición de fases en la secuencia A+ B+ B- A-

3.2.2.1 Sistemas sin repetición de fases

Una vez se ha comprobado la no existencia de combinaciones idénticas, debe obtenerse la expresión que indique el sensor o la combinación de sensores que provoca la orden correspondiente al biestable que controla el elemento de potencia.

Volviendo al ejemplo indicado antes: A+ B+ C+ B− A− C−, el resultado es el que se muestra en la tabla 3.6.

		a	b	c	
1	A+	0	(0)	0	$a+ = a_0 \cdot b_0 \cdot c_0$
2	B+	(1)	0	0	$b+ = a_1 \cdot b_0 \cdot c_0$
3	C+	1	(1)	0	$c+ = a_1 \cdot b_1 \cdot c_0$
4	A-	1	1	(1)	$b- = a_1 \cdot b_1 \cdot c_1$
5	C-	(0)	1	1	$a- = a_0 \cdot b_1 \cdot c_1$
6	B-	0	1	(0)	$c- = a_0 \cdot b_1 \cdot c_0$

Tabla 3.6 Expresión máxima para cada una de las fases

El circuito se puede considerar resuelto con las expresiones anteriores; sin embargo, utiliza todos los sensores que están accionados, lo que implica un número máximo de componentes y hace que los costes de implementación sean mucho mayores. Para buscar la mínima expresión que permita conseguir la misma secuencia, se debe empezar por considerar una sola variable activa: $a+ = b_0$; sin embargo, para considerar esta expresión, no debería existir b_0 en la expresión contraria A− hasta volver a A+, o sea, en la 4, 5 y 6, y puesto que b_0 no se encuentra en éstas, se considera $a+ = b_0$ como mínima expresión que permite particularizar la orden a+.

En los movimientos restantes, se realiza el mismo razonamiento: $b+ = a_1$, por lo que a_1 no debería estar a partir de B− y hasta B+, o sea, en la fila 1, lo que es cierto y permite determinar esta orden. En el caso de $c+ = b_1$ y siguiendo la misma consideración, se ve que no es suficiente para caracterizar esta orden, por lo que se toma otro sensor $c+ = a_1 \cdot b_1$, y ahora ya no se encuentra esta combinación en las expresiones que van de C− a C+. Con este concepto, se van calculando el resto de expresiones y se obtiene: $a- = c_1$, $c- = a_0$ y $b- = a_0 \cdot c_0$.

El circuito neumático simplificado correspondiente se indica en la figura 3.29, y en la que la condición S indica la puesta en marcha de la secuencia.

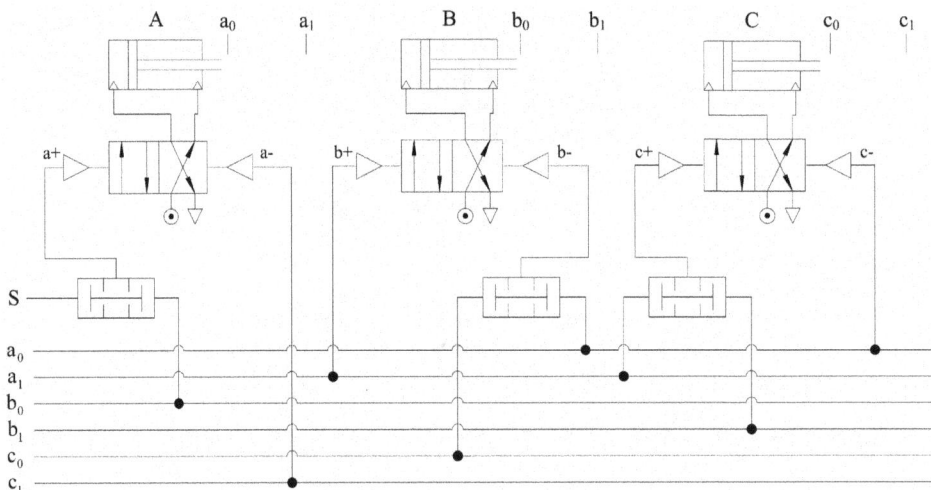

Figura 3.29 Circuito neumático simplificado que realiza la secuencia A+ B+ C+ A- C- B-

3.2.2.2 Sistemas con repetición de movimientos (sin repetición de fases)

Si se estudia la secuencia: A+ B+ A− C+ A+ B− A− C−, se observa que el movimiento A+ se repite en dos ocasiones. El resultado se muestra en la tabla 3.7.

		a	b	c	
1	A+	0	0	⓪	$a+=b_0 \cdot c_0$
2	B+	①	0	0	$b+=a_1 \cdot c_0$
3	A−	1	①	0	$a-=b_1 \cdot c_0$
4	C+	⓪	1	0	$c+=a_0 \cdot b_1$
5	A+	0	1	①	$a+=c_1 \cdot b_1$
6	B−	①	1	1	$b-=a_1 \cdot c_1$
7	A−	1	⓪	1	$a-=b_0 \cdot c_1$
8	C−	⓪	0	1	$c-=a_0 \cdot b_0$

Tabla 3.7 Tabla correspondiente a la secuencia A+ B- A- C+ A+ B- A- C-

En este caso, tampoco hay repetición de fases, por lo que las expresiones simplificadas, obtenidas como se ha indicado anteriormente, analizando siempre en las acciones repetidas (obsérvese a+) la no existencia de la combinación del movimiento en estudio para el rango de movimientos que van desde el contario hasta el movimiento en estudio, incluyendo los movimientos repetidos. El movimiento a+ se obtiene a partir de dos expresiones:

$$a+ = b_0 \cdot c_0 + b_1 \cdot c_1$$

El movimiento a− también se obtiene a partir de dos expresiones:

$$a- = b_1 \cdot c_0 + b_0 \cdot c_1$$

El circuito neumático es el que se indica en la figura 3.30.

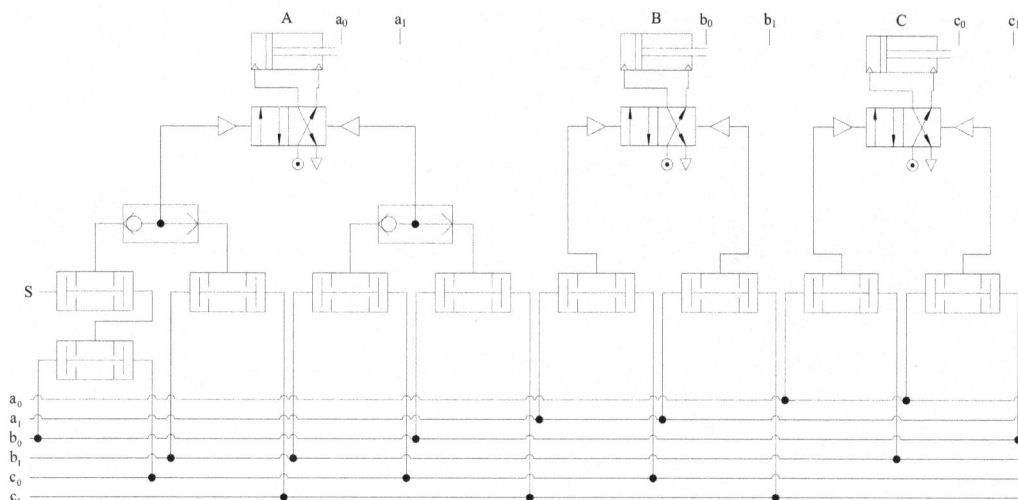

Fig. 3.30 Circuito neumático que cumple con la secuencia A+ B+ A- C+ A+ B- A- C-

3.2.2.3 Sistemas con repetición de fases

En el caso de expresiones iguales para distintos movimientos, se procede como se indica a continuación:
- Se calcula el número en base 10 correspondiente a cada una de las fases. Se comienza una exploración a partir de la primera fase y, cuando se encuentre un número repetido, debe retrocederse una fase y media, señalando con una flecha el nuevo punto; comenzando una nueva exploración a partir de la mencionada flecha, sin tener en cuenta los números anteriores a la misma.
- Se cierra la exploración volviendo desde el final hasta el principio de la secuencia y llegando hasta la fase inmediatamente anterior a la primera flecha marcada.
- En el caso de que el número de flechas sea impar, debe añadirse una más para convertirlo en un número par; en principio, se puede situar en cualquier punto, aunque se puede optimizar.
- El número de señales puede ser 2, 4, 6, 8, etc. Cada señal indica un movimiento del biestable auxiliar. En el mismo orden de la secuencia, y al lado de cada flecha, debe escribirse un movimiento de memoria auxiliar con las notaciones siguientes:

$$x+ \ x-$$ 2 movimientos
$$x+ \ y+ \ x- \ y-$$ 4 movimientos
$$x+ \ y+ \ z+ \ x- \ y- \ z-$$ 6 movimientos
$$x+ \ y+ \ z+ \ v+ \ x- \ y- \ z- \ v-$$ 8 movimientos

Si se estudia la secuencia $A+ \ A- \ B+ \ C+ \ C- \ B-$ y se aplican las normas indicadas anteriormente, se obtiene la tabla 3.8.

		a	b	c	n	
1	A+	0	(0)	0	0	← x+
2	A-	(1)	0	0	4	
3	B+	(0)	0	0	0	
4	C+	0	(1)	0	2	← x-
5	C-	0	1	(1)	3	
6	B-	0	1	(0)	2	

Tabla 3.8 Resultado correspondiente a la secuencia A+ A- B+ C+ C- B-

Ahora se construye de nuevo la tabla, considerando que la secuencia tiene un nuevo biestable X, por lo que la nueva secuencia será $A+ \ X+ \ A- \ X+ \ C+ \ X- \ C- \ B-$, y la tabla correspondiente se muestra en la tabla 3.9:

		a	b	c	x	
1	A+	0	(0)	0	0	0
1'	X+	(1)	0	0	0	8
2	A-	1	0	0	(1)	9
3	B+	(0)	0	0	1	1
4	C+	0	(1)	0	1	5
4'	X-	0	1	(1)	1	7
5	C-	0	1	1	(0)	6
6	B-	0	1	(0)	0	4

Tabla 3.9 Resultado correspondiente a la secuencia A+ X+ A- B+ C+ X- C- B-

En la nueva tabla, puede observarse la no existencia de fases repetidas con la inclusión de las dos nuevas fases aportadas por el biestable X.X es únicamente un biestable de mando cuyas salidas simbolizan los estados de los finales de carrera del cilindro auxiliar y sus señales de activación coinciden con las resueltas en la tabla.

Para calcular la expresión simplificada conviene elegir, en la fase en estudio, la variable activa acompañada por el elemento correspondiente al nuevo biestable incorporado. La expresión simplificada de cada una de las fases, siguiendo el procedimiento aplicado en casos anteriores, es la siguiente:

$$a+ = b_0 \cdot x_0$$

$$x+ = a_1$$

$$a- = x_1$$

$$b+ = a_0 \cdot x_1$$

$$c+ = b_1 \cdot x_1$$

$$x- = c_1$$

$$c- = x_0$$

$$b- = c_0 \cdot x_0$$

El circuito neumático correspondiente es el que se indica en la figura 3.31:

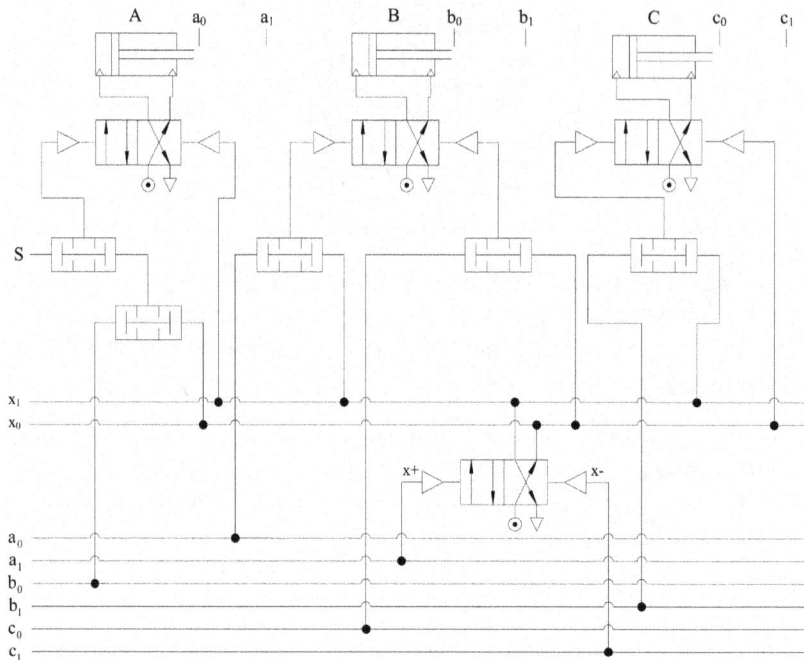

Fig. 3.31 Circuito neumático correspondiente a la secuencia A+ X+ A- B+ C+ X- C- B-

Como resumen del método expuesto, se incluye la tabla inicial, que resuelve la secuencia A+ A− B+ C+ B− C− B+ A+ B− A− B+ B− y que presenta repetición de fases.

La tabla 3.10 muestra la solución con la inclusión de los elementos auxiliares necesarios para evitar la repetición de fases.

		a	b	c	n	
1	A+	0	(0)	0	0	x+
2	A-	(1)	0	0	4	
3	B+	(0)	0	0	0	
4	C+	0	(1)	0	2	
5	B-	0	1	(1)	3	y+
6	C-	0	(0)	1	1	
7	B+	0	0	(0)	0	
8	A+	0	(1)	0	2	
9	B-	(1)	1	0	6	x-
10	A-	1	(0)	0	4	
11	B+	(0)	0	0	0	y-
12	B-	0	(1)	0	2	

Tabla 3.10 Solución correspondiente a la secuencia A+ A- B+ C+ B- C- B+ A+ B- A- B+ B-

A partir de la nueva tabla, se pueden obtener las nuevas expresiones y, a partir de ellas, puede construirse su correspondiente circuito neumático.

4

autómatas programables

4.1 Introducción y estructura básica de un autómata programable

El autómata programable (*programmable logic controller*, PLC) es un dispositivo que tiene la función de almacenar y ejecutar los programas de control de los automatismos y procesos industriales. Para ello, la estructura del PLC incorpora los elementos necesarios que permiten realizar la función para la que está diseñado. Tiene como misión capturar la información que proviene tanto de las consignas que le suministra el operario como de las señales procedentes de los diferentes captadores que hay en el proceso a través de los módulos de entradas y, en función del programa residente en su memoria, suministrar las señales que hacen evolucionar el proceso a controlar a través de los módulos de salida que incorpora. La estructura de bloques de un PLC corresponde al de la figura 4.1.

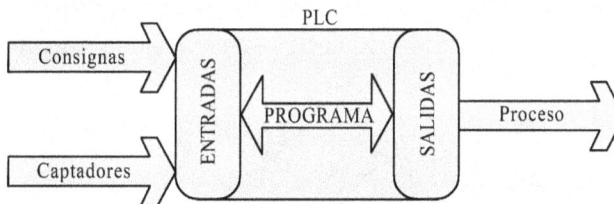

Comercialmente, la estructura modular de un PLC está integrada por un conjunto de elementos que son los que permiten la funcionalidad del mismo. Estos elementos se pueden ver en la figura 4.2 y su función se describe detalladamente en apartados posteriores.

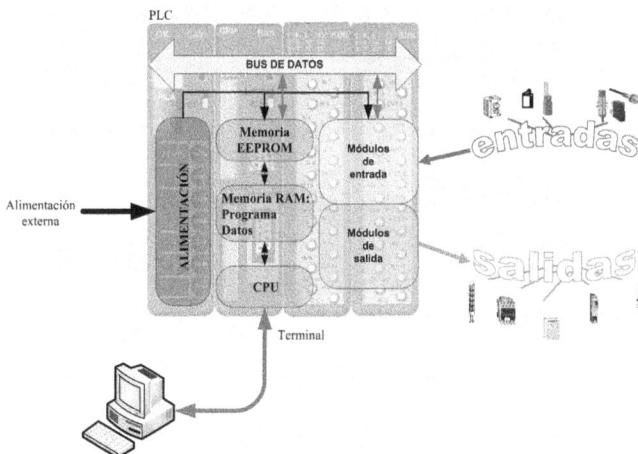

Fig. 4.2 Elementos que integran un PLC

1. Una *fuente de alimentación*, encargada de convertir la tensión de red a la tensión de trabajo de los diferentes módulos del PLC.
2. Un *procesador*, encargado de ejecutar los programas, testear la integridad del equipo, guardar y almacenar datos y comunicarse con los periféricos.
3. Los módulos de *entradas y salidas* (E/S), que tienen la función de recoger el estado de los distintos captadores, pulsadores y elementos de diálogo (módulos de entradas), y dar señal a los preactuadores y elementos de diálogo hombre-máquina (módulos de salida).
4. El *bus de datos* del sistema, que son las líneas eléctricas por las que circulan los datos que permiten la transferencia de los mismos entre todas y cada una de las partes del sistema.
5. Un *puerto de conexiones*, ligado al procesador del sistema, que permite la conexión de un terminal de programación específico o, lo que es más habitual, un ordenador configurado con un programa de aplicación que permite programar, transferir y supervisar el programa de aplicación del proceso a controlar, generalmente ubicado en el módulo procesador.

4.2 Estructura modular de un PLC

Dependiendo del fabricante y del modelo de autómata, la configuración se presenta encapsulada en diferentes módulos, por lo que ofrece un aspecto diferente en cada caso. En la figura 4.3, se puede observar el aspecto exterior de los módulos que integrarían la estructura de un PLC de gama media.

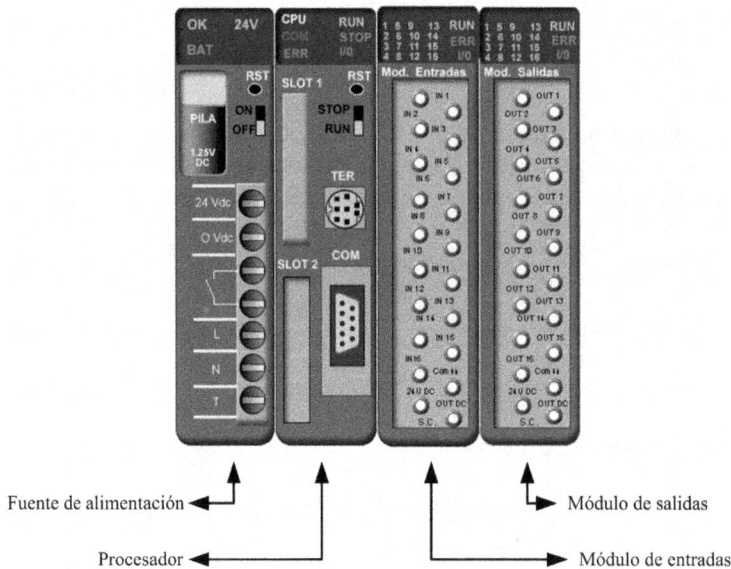

Fig. 4.3 Aspecto de la estructura de un PLC comercial

En los apartados siguientes, se expone la constitución de cada uno de estos módulos.

4.2.1 Rack de conexiones

El *rack* es la base sobre la cual se montan los diferentes módulos que integran la estructura del PLC. A través de él, se transmite la alimentación y la información entre el procesador y cada uno de los módulos. La configuración del PLC permite constituir un autómata que puede incluir varios *racks* conectados entre ellos a través de los terminales situados para dicha función. Las funciones del *rack* se pueden clasificar en mecánicas y eléctricas:

1. *Función mecánica.* Fijación de los diferentes módulos que componen un autómata, mediante conectores que aseguran la unión entre el *rack* y los módulos.
2. *Función eléctrica.* Consiste en un conjunto de líneas eléctricas que asegura la distribución de las alimentaciones necesarias y los datos entre cada uno de los módulos que integran la estructura del PLC.

La figura 4.4 muestra la estructura física de un *rack* con 6 *slots* (ranuras) de conexión. Dicha estructura está compuesta de los siguientes elementos:

1. Base del *rack*, que asegura las funciones de soporte de los módulos y las conexiones eléctricas y de bus.
2. Encajes mecánicos de los módulos.
3. Conexiones eléctricas entre el *rack* y los módulos.
4. Conectores para ampliar la estructura del PLC mediante otros *racks*.
5. Puntos de sujeción al cuadro eléctrico.

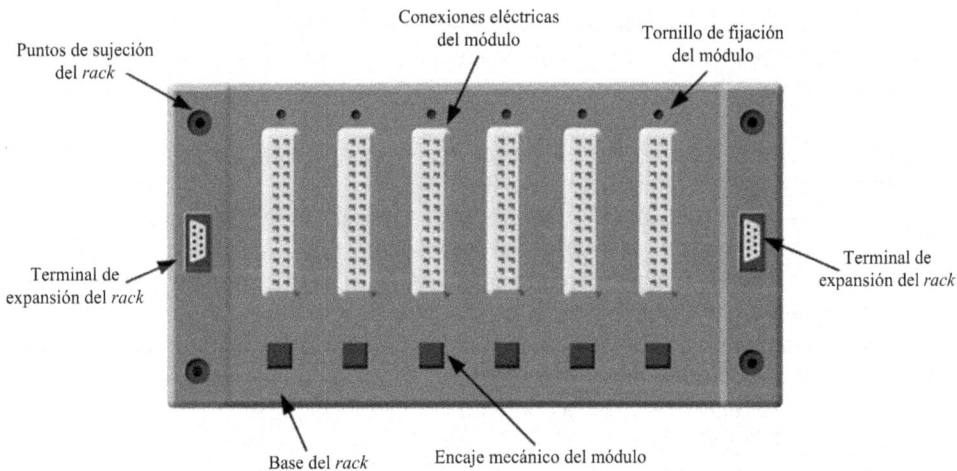

Fig. 4.4 Rack de conexiones de un PLC

4.2.2 Fuente de alimentación

Dentro de la estructura del PLC, la fuente de alimentación tiene como misión suministrar y supervisar la tensión a los diferentes módulos que componen el sistema. Por lo general, el módulo de alimentación se instala en el primer alojamiento de *rack*. Sus características físicas pueden verse en la figura 4.5.

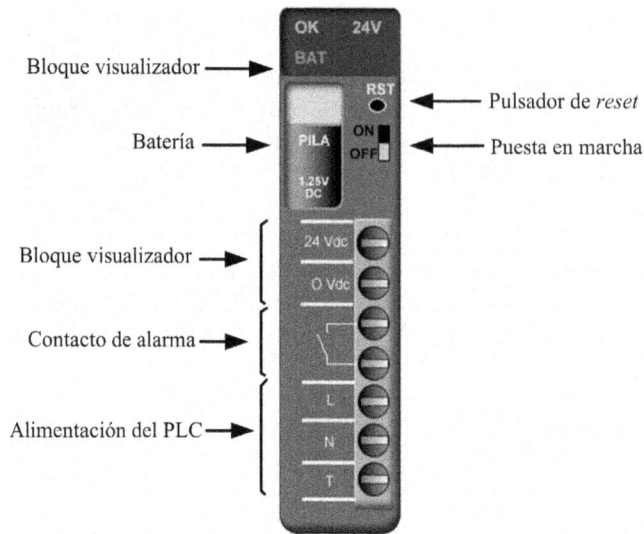

Fig. 4.5 Fuente de alimentación de un PLC

Los elementos más importantes de la fuente de alimentación se describen a continuación:

1. *Bloque visualizador.* Permite recibir información del funcionamiento del módulo y suele incluir:

   a) *Indicador OK:* está encendido si presenta un funcionamiento normal.

   b) *Indicador BAT:* se enciende si la pila está defectuosa o si no hay pila.

   c) *Indicador 24 V:* se activa si la tensión de salida 24 VDC está presente y es correcta.

2. *Botón pulsador reset.* Cuando el equipo está en funcionamiento y se acciona, provoca su reinicialización.

3. *Interruptor de puesta en marcha.* Permite la activación del módulo y, por tanto, el suministro de alimentación al resto de la estructura del PLC.

4. *Alojamiento de la batería.* En él se puede integrar una pila para salvaguardar los datos almacenados en la memoria RAM interna del procesador.

5. *Alimentación de sensores.* Consiste en una salida de 24 VDC, que permite la alimentación de elementos que puedan ir conectados a los módulos de E/S del PLC.

6. *Contacto del relé de alarma.* Cuando el autómata está en funcionamiento normal (RUN), el relé se mantiene accionado y el contacto cerrado. Si se produce una parada, un fallo, o desaparece la corriente, el relé cae y el contacto se abre.

7. *Alimentación del PLC.* Este borne de conexión permite la alimentación del módulo a partir de una fuente de alimentación externa, generalmente de la red eléctrica. Mediante la circuitería interna del módulo, transforma dicha señal y la adapta a la señal de trabajo del resto de módulos de la configuración del PLC; generalmente se trata de una tensión continua entre 5 y 24 voltios.

4.2.3 Procesador

El módulo de procesamiento tiene la misión de supervisar y controlar todo el trabajo del sistema; se trata de un dispositivo basado en un circuito programable. Y las características de este módulo son las que determinan las diferentes capacidades que tendrá el autómata, tales como:
- Conjunto de instrucciones de programación.
- Capacidad de la memoria.
- Tipos de variables con los que puede trabajar.
- Número máximo de puntos de E/S que se pueden instalar en el sistema.
- Velocidad de procesamiento.

Las funciones que tiene encomendado este módulo son básicamente las siguientes:
- Captar el estado de las entradas y almacenarlo en la zona de memoria imagen de las entradas, ya que el programa de usuario no debe acceder directamente a dichas entradas.
- Ejecutar el programa usuario.
- Vigilar que el tiempo de ejecución del programa de usuario no exceda de un determinado tiempo máximo. Esta función se denomina *watchdog*.
- Renovar el estado de las salidas en función de la imagen de las mismas, obtenida al final del ciclo de ejecución del programa usuario.
- Chequear el sistema para determinar la existencia de errores de hardware o software.

Con el fin de que el procesador pueda llevar a cabo su trabajo, el PLC dispone de diferentes tipos de memoria en función de la aplicación a la que está destinada:
- *Memoria RAM (random access memory o memoria de acceso aleatorio) o similar:* Generalmente de tipo volátil (su información desaparece al desconectar el sistema), se utiliza para almacenar los programas y datos que permiten el control de los procesos. Suele llevar asociada una batería que permite salvaguardar los datos. Esta clase de memoria, también denominada *memoria de usuario*, está dividida en función de la tarea que tiene asignada en los siguientes tipos:
  - *Memoria de programa.* En ella se almacenará el programa que el usuario haya creado y transferido.
  - *Memoria del registro de imagen de entrada.* Es la zona de memoria donde se almacena el estado lógico de las entradas.
  - *Memoria del registro de imagen de salida.* Es la zona de memoria donde se almacena el estado lógico de las salidas.
  - *Memoria de variables.* Es el lugar de la memoria donde se almacenan las diferentes variables internas disponibles en el PLC.
  - *Memoria de almacenamiento temporal.* Memoria donde se almacenan los datos intermedios y que no son relevantes para el usuario pero son necesarios para realizar los cálculos y las operaciones lógicas del sistema.
- *Memoria ROM (read only memory o memoria de sólo lectura).* Se trata de la memoria donde se encuentra el sistema operativo del PLC, también denominado *firmware*. Conjuntamente con el procesador, el *firmware* determina las funcionalidades del sistema (lenguajes de programación, conjunto de instrucciones, control de fallos, tipos de variables del sistema, etc.). Este tipo de memoria se puede sustituir por una EPROM (erasable programmable read only memory o memoria borrable), con el fin de poder actualizar el *firmware* del sistema.

La figura 4.6 muestra un esquema de los diferentes tipos de memoria que incorpora el PLC.

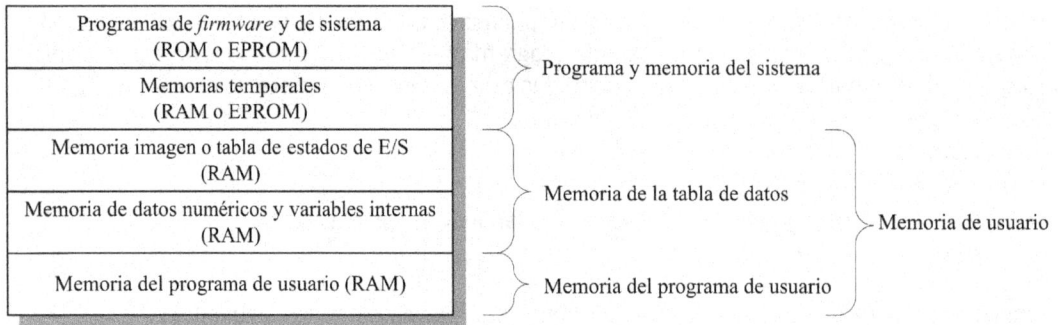

Programas de *firmware* y de sistema (ROM o EPROM)		Programa y memoria del sistema	
Memorias temporales (RAM o EPROM)			
Memoria imagen o tabla de estados de E/S (RAM)		Memoria de la tabla de datos	Memoria de usuario
Memoria de datos numéricos y variables internas (RAM)			
Memoria del programa de usuario (RAM)		Memoria del programa de usuario	

Fig. 4.6 Diferentes tipos de memoria en un PLC

–*Interface de comunicaciones.* Los módulos procesadores suelen incorporar un puerto de comunicaciones serie, el cual, mediante el cable adecuado, permite conectarlos a un terminal de programación o, lo que es más habitual, al puerto serie del PC, y mediante un programa de aplicación *crear, transferir, depurar y supervisar* el programa que realizará el control del automatismo y que se almacena en la memoria del autómata. Asímismo, este puerto o algún otro puerto auxiliar permite conectar periféricos auxiliares tales como pantallas táctiles, registradores gráficos o elementos similares, así como incluirlos en una red de comunicaciones de elementos industriales para formar lo que se denomina un *bus de campo*.

La descripción física de un módulo procesador comercial responde a una estructura similar a la de la figura 4.7.

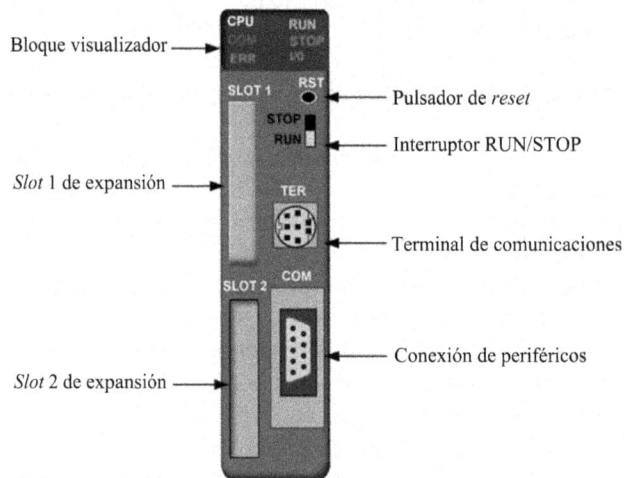

Fig. 4.7 Módulo procesador

En dicha configuración, se puede encontrar:

1. *Bloque visualizador.* Permite conocer el modo de funcionamiento del procesador, además de otras informaciones que puede suministrar como:

   a) *RUN.* Indica el modo de funcionamiento en RUN del PLC. En dicho modo, el sistema está ejecutando el programa y, por tanto, realizando el control del proceso.

   b) *STOP.* Indica el modo de funcionamiento en STOP del PLC. En dicho modo, el programa de control no está en ejecución.

   c) *COM.* Permite conocer si existe comunicación con el terminal de programación, generalmente un PC. Suele parpadear cuando existe un intercambio de información entre el procesador y el PC conectado en su puerto.

   d) *ERR.* Indica algún tipo de error que se produce en el procesador. Dicho error puede ser producido por una gran variedad de causas, tales como un error de hardware, de instrucciones de programa, de tiempo de ejecución, etc. La información relativa al error producido se puede consultar en los bits y las palabras de la memoria del sistema y que es característico de cada fabricante.

   e) *I/O.* En un sistema de control en tiempo real como es el PLC, es importante la integridad de los datos de E/S. Para ello, cualquier error que se pueda producir en los módulos de E/S ha de ser comunicado por el sistema. En este caso, mediante la activación de este LED, se advierte algún tipo de fallo en los diferentes módulos de E/S y que, al igual que en el caso anterior, puede consultarse en los bits y las palabras de sistema del PLC para concretar el tipo de error. Tanto este error como el anterior pueden provocar la apertura del contacto de alarma del módulo de alimentación.

2. *Pulsador de reset.* Mediante este micropulsador, se puede inicializar el funcionamiento de la CPU, volviendo a las condiciones iniciales sin que por ello se pierda el programa de la memoria de usuario.

3. *Interruptor RUN/STOP.* Este microinterruptor permite cambiar el modo de funcionamiento del programa de control a modo RUN (ejecución del programa) o a modo STOP (programa en reposo).

4. *SLOT 1 y SLOT 2 de expansión.* Mediante los *slots* de expansión, en los cuales se insertarán las diferentes tarjetas o circuitos que suministre el fabricante, se pueden modificar y mejorar las prestaciones del procesador añadiendo, entre otras prestaciones, más memoria de programa o datos y tarjetas de comunicaciones.

5. *Terminal de comunicaciones.* El terminal de comunicaciones, generalmente un puerto serie, tiene la función de *interface* de comunicaciones, y al que se pueden conectar o bien terminales de programación o, lo que es más usual, ordenadores. Mediante el software adecuado, permite crear, transferir y depurar los programas de aplicación del PLC.

6. *Conexión de periféricos.* Es habitual que el PLC no trabaje aisladamente, sino que tenga periféricos, como son las pantallas táctiles, a través de las cuales el operador puede supervisar y enviar consignas al proceso. Dichos terminales se comunican con el PLC mediante *interfaces* de conexión serie que se incorporan en los módulos del procesador.

4.2.4 Módulos de entrada digitales

Módulos de entradas y salidas que tienen la función de recoger el estado de los captadores, los pulsadores y los elementos de diálogo (módulos de entradas), y dar señal a los preactuadores (módulos de salida). La variedad de estos módulos se adapta a la funcionalidad requerida para la instalación, aunque los más habituales serán los módulos *todo/nada*, para el control de dispositivos binarios de automatización.

En el mercado de los autómatas, se puede encontrar una gran tipología de módulos, tales como:
- Módulos de contaje rápido
- Módulos de E/S analógicos
- Módulos de posicionamiento de ejes
- Módulos de control *fuzzy*
- Módulo de comunicación Ethernet

Las funciones de los módulos de entradas digitales que integran la estructura del PLC son:
- Captar la información binaria procedente de los captadores y elementos de diálogo del proceso.
- Aislar eléctricamente la parte del proceso a controlar de otros módulos que integren la estructura del autómata.
- Adaptar los diferentes niveles de señal del proceso a la tipología de señal con que es capaz de trabajar el procesador.

Los módulos de entrada digital detectan la presencia o ausencia de tensión en sus bornes de entrada y las convierten en una señal lógica 1 o 0, que se almacena en el registro de imagen de entradas del PLC, y mediante este valor lógico, asociado a una de las variables del sistema, se obtiene la información del mismo. La siguiente lista muestra algunos de los valores típicos de tensión de entrada: 5 VDC, 12 VDC, 24 VDC, 48 VDC, 12 VAC, 24 VAC, 120 VAC o 240 VAC.

La estructura se puede encontrar para entrada alterna o continua. En el primer caso, está formada por un circuito de rectificación que convierte la señal de entrada a una señal continua, un LED de visualización que permite ver el estado de la entrada en el módulo y un circuito óptico que transfiere el estado lógico de la señal eléctrica que aísla y adapta la señal a los niveles de la CPU; en el segundo caso, la estructura es similar pero sin la parte del circuito rectificador (fig. 4.8 A y B).

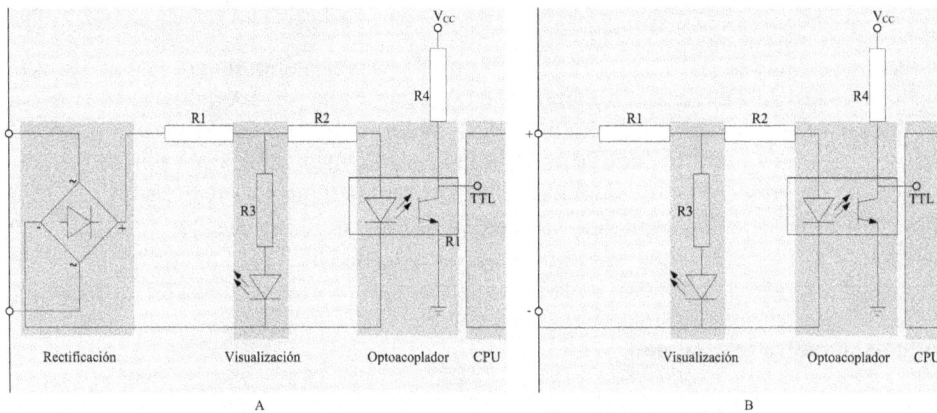

Fig. 4.8 (A y B) Estructura del módulo de entradas digitales

Esta estructura se encuentra en módulos de 8, 16 o 32 entradas en los autómatas modulares, o integrada directamente en el encapsulado en los autómatas compactos de la gama baja. Para ahorrar puntos de conexión, la mayoría de módulos tienen un común para todos los puntos de entrada y el otro terminal independiente por el que se capta el estado del elemento conectado, tal como muestra la figura 4.9 del módulo de entradas.

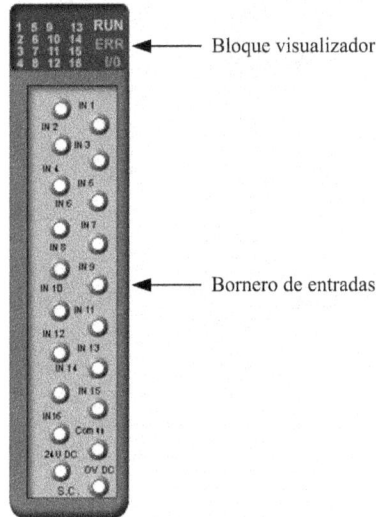

Fig. 4.9 Módulo de entradas digitales

Los indicadores de estado de la parte frontal del módulo permiten elaborar un diagnóstico rápido del mismo. Tres indicadores de estado del módulo informan sobre el modo de su estado de funcionamiento.

Existen tantos indicadores de estado de vías como puntos de entrada tiene el módulo, que informan sobre el estado de cada captador conectado (encendido: vía en estado 1; apagado: vía en estado 0).

Según el tipo de detector utilizado, se condicionará la referencia de tensión que se ha de colocar en el común:
- *Elementos libres de tensión* (fig. 4.10). Es indistinto si el común va a positivo o a negativo. El módulo se alimenta a la tensión correspondiente (24 VDC); el común de todas las entradas va a negativo y al positivo le llega la entrada correspondiente a través del contacto de final de carrera.

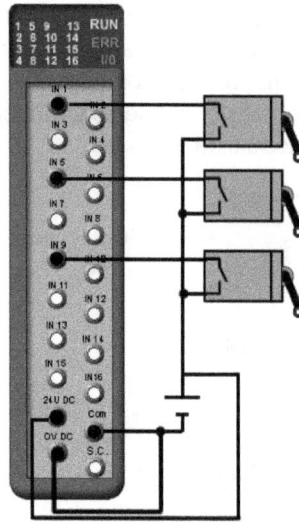

Fig. 4.10 Conexión de entradas libres de tensión

–*Entrada conectada a sensor con salida NPN* (fig. 4.11). El común de la fuente de alimentación va a positivo. El detector puede ser alimentado, a su vez, por la propia fuente de alimentación. La salida del detector, cuando se activa por la presencia de un objeto en su radio de detección, absorbe una corriente que va desde el módulo de entradas hacia el detector, para poder seguir así el sentido de corriente de mayor potencial (positivo de la pila) al de menor potencial (negativo de la pila). Esta conexión también se denomina tipo fuente *(source).*

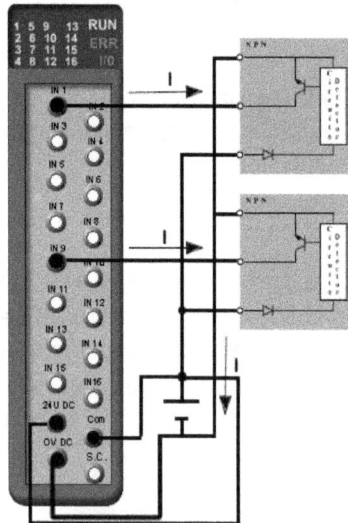

Fig. 4.11 Conexión de entradas de detectores NPN

– *Entrada conectada a sensor con salida PNP* (fig. 4.12). El común de la fuente de alimentación va a negativo. El detector puede ser alimentado, a su vez, por la propia fuente de alimentación. La salida del detector, cuando se activa por la presencia de un objeto en su radio de detección, genera una corriente que va desde éste hacia el módulo de entradas, para poder seguir así el sentido de corriente de mayor potencial (positivo de la pila) al de menor potencial (negativo de la pila). Esta conexión también se denomina tipo sumidero *(sink)*.

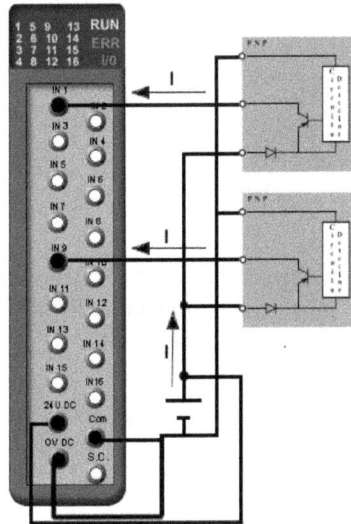

Fig. 4.12 Conexión de entradas de detectores PNP

4.2.5 Módulos de salida digitales

Los autómatas programables disponen de los módulos de salida como elementos que permiten enviar información a los procesos en función de los resultados del programa de usuario. La función de los módulos de salidas digitales que integran la estructura del PLC se podría resumir en los siguientes puntos:

– Transferir los resultados lógicos del programa a los diferentes preactuadores y actuadores que conforman el proceso.

– Aislar eléctricamente la parte del proceso a controlar de otros módulos que integren la estructura del autómata.

– Adaptar las diferentes señales del proceso a la tipología de señal que es capaz de trabajar el procesador.

Así como la estructura de los módulos de entrada está bastante estandarizada, para los módulos de salida se implementan diferentes tecnologías en función de la aplicación a la que se van a dedicar. Éstas se pueden resumir en tres grandes grupos.

– *Salidas tipo relé* (fig. 4.13). Son las salidas más típicas. Consisten en un contacto de relé cuya bobina es gobernada por el procesador del sistema. Permiten trabajar tanto en corriente continua como en alterna, pero son las que tienen un tiempo de respuesta más lento.

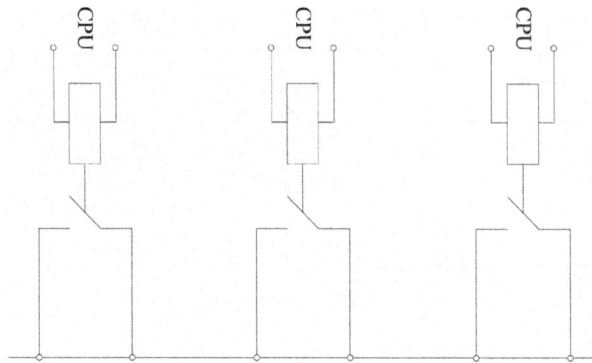

Fig. 4.13 Salidas tipo relé

- *Salidas por transistor en conmutación* (fig. 4.14).Trabajan a tensión continua (5VDC, 24 VDC...), vienen limitados por la corriente máxima de salida y presentan un tiempo de conmutación mucho más corto que el anterior.

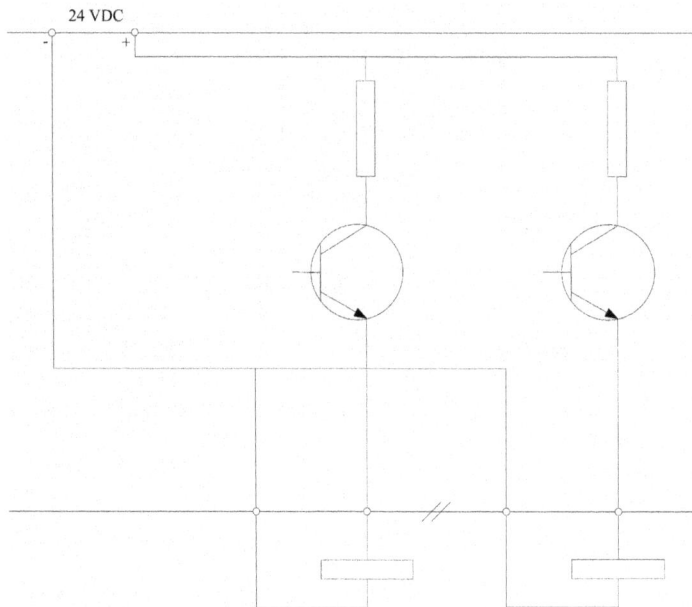

Fig. 4.14 Salidas por transistor

- *Salidas tipo Triac* (fig. 4.15). El circuito de salida está formado por un semiconductor de potencia (*triac*), que permite el paso de una señal alterna al ser excitado en su puerta. Tiene la ventaja de que la velocidad de conmutación es mayor que la de relé.

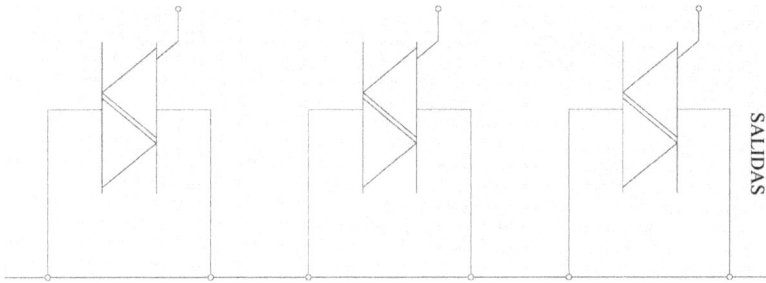

Fig. 4.15 Salidas tipo triac

La apariencia del módulo es muy similar a la de los módulos de entrada. Tres indicadores de estado del módulo informan sobre su modo de funcionamiento (fig. 4.16). Además, dispone de tantos indicadores de estado de vías como salidas que informan del estado de cada una de ellas (encendido: vía en estado 1; apagado: vía en estado 0).

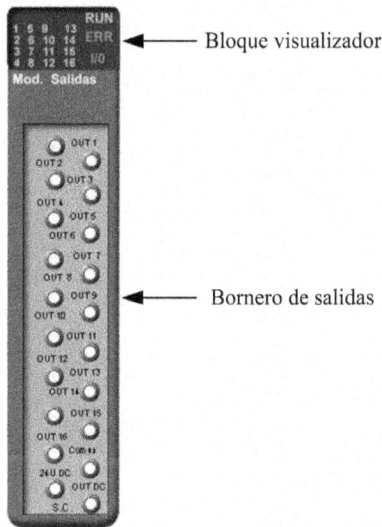

Fig. 4.16 Módulo de salidas digitales

5

diseño de procesos químicos en lenguaje ladder

5.1 Estandarización de los autómatas programables (PLC)

Los equipos de control industrial, en este caso los PLC, han estado vinculados históricamente a sistemas definidos por los propios fabricantes, tanto en cuanto al hardware como a los lenguajes y entornos integrados de programación. Esta situación implica diferencias notables entre modelos de autómatas de distintos fabricantes, que supone una mayor dificultad de interconexión de diferentes equipos, una escasa flexibilidad y una ausencia de normalización de los sistemas de control industrial, que da como resultado un aumento de costes y de tiempo de desarrollo a la hora de aplicar soluciones de control.

La norma IEC-61131 es el primer intento de normalizar los autómatas programables, sus lenguajes de programación y los periféricos correspondientes. Dicha norma se divide en siete partes, que procuran abarcar los aspectos más relevantes de este tipo de dispositivos:
  - IEC 61131-1 Visión general
  - IEC 61131-2 Hardware y procedimientos de ensayo
  - IEC 61131-3 Lenguajes de programación
  - IEC 61131-4 Guías de usuario
  - IEC 61131-5 Comunicaciones
  - IEC 61131-7 Control *fuzzy*
  - IEC 61131-8 Guía para la aplicación y la implementación de los lenguajes de programación

La programación en lenguaje Ladder forma parte de la norma IEC 61131-3, que es la que se trata en este capítulo y que normaliza los diferentes lenguajes de programación, especificando la sintaxis y la semántica con las que pueden trabajar los autómatas programables, incluidos el modelo de software y la estructura del lenguaje, de tal manera que el desarrollo de los programas pueda ser independiente del fabricante elegido a la hora de desarrollar el proceso a automatizar.

La norma IEC 61131-3 se puede dividir en dos grandes grupos: por un lado, los *elementos comunes* a todos los lenguajes y, por otro lado, los diferentes *lenguajes de programación*.

Con referencia a los elementos comunes:
  - *Tipos de datos*. Determinan la tipología de datos con los que puede trabajar el autómata. Así pues, se han definido en la norma como datos comunes los del tipo booleano, los números enteros, los números reales, el byte, la palabra, la fecha, la hora del día y las cadenas de caracteres (*strings*).

- *Tipos de variables.* La normalización de las variables permite identificar los diferentes objetos del mapa de memoria del autómata, como son los registros de imagen de entrada, los registros de imagen de salida o las variables internas del autómata.
- *Configuración, recursos y tareas.* La norma IEC 61131-3 define como elemento inicial para un sistema de control la configuración del mismo, y define las características del hardware del sistema: procesador, canales de entrada y salida, módulos de tareas específicas y memoria.

  Los recursos, entendidos como una parte del sistema capaz de ejecutar los programas de control, que habitualmente en un PLC es un único programa, y que se estructuran en diferentes tareas o códigos de programa, que se ejecutan cíclicamente a intervalos regulares de tiempo o bien como respuesta al estado de una señal o variable.
- *Unidades de organización de programa.* La norma IEC 61131-3 estructura la organización del software del sistema de control en unidades de organización de programa, denominados POU. Éstos se clasifican en:
  - *Programas.* Se definen como un conjunto lógico de todos los elementos y construcciones del lenguaje de programación que son necesarios para el tratamiento de señal previsto que se requiere para el control de una máquina o proceso mediante el sistema de autómata programable.
  - *Bloques funcionales (FB).* Son bloques de programa que tienen una *interface* de entrada y salida de variables bien definida, cumplen una función específica dentro del programa de control y solamente son accesibles por el usuario a través de la *interface* de E/S. Dentro de este grupo, se encuentran los temporizadores, los contadores, los bloques de comparación, los lazos de control PID, etc.
  - *Funciones.* Son instrucciones estándar de los lenguajes de programación que cumplen una función específica. Dentro de este grupo, encontramos las funciones aritméticas, las de transferencia, las de conversión de código, etc.

- *Gráfico funcional secuencial (SFC).* El SFC pretende ser una metodología que describa, de una manera gráfica, el comportamiento secuencial de un sistema de control. Permite la estructuración interna de un programa, descomponiendo el sistema en partes más pequeñas para facilitar su resolución. El SFC estructura el sistema de control en los diferentes estados estables que lo componen, realizando un diagrama de flujo secuencial que enlaza cada uno de dichos estados mediante el conjunto de transiciones que determinan el paso de estado a estado. Asociadas a cada uno de estos estados, se determinan las acciones que se han de tomar para que el sistema pueda trabajar. Comúnmente, a este sistema de estructuración del programa de control se denomina GRAFCET, y, debido a la importancia e interés de su aplicación, se le ha dedicado el siguiente capítulo para desarrollar los conceptos que permiten la creación de dichos diagramas.

Con referencia a los distintos lenguajes de programación, la norma define cuatro de ellos, dos de tipo literal y dos de tipo gráfico.

Lenguajes de tipo literal:
- *Lista de instrucciones (IL).* Procedente de Alemania, este lenguaje es similar al ensamblador utilizado para la programación de microprocesadores y microcontroladores; por tanto, es más

próximo a entornos de programación utilizados por usuarios que provienen del mundo electrónico. Una muestra de la sintaxis de este tipo de programas sería la siguiente:

```
LD      I1.0
AND     I1.1
ST      Q2.0
```

– *Texto estructurado (ST).* Es un lenguaje de alto nivel y que tiene su origen en lenguajes como Pascal o C, los cuales disponen de las típicas estructuras de control de estos lenguajes. Son, por tanto, sistemas de programación más próximos a los lenguajes informáticos, tal como se muestra a continuación:

```
IF I1.0 THEN
Q2.0=M1
ELSE
Q2.0=M2
END_IF
Q2.1=I1.1 AND I1.2
```

Lenguajes de tipo gráfico:

– *Diagrama de contactos o Ladder (LD).* Originario de los Estados Unidos, está basado en la representación de los esquemas eléctricos de contactos y relés. Es uno de los lenguajes más utilizados y estandarizados en las diferentes gamas y fabricantes de autómatas. La figura 5.1 muestra un ejemplo del mismo.

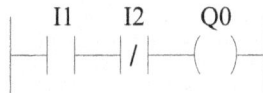

Fig. 5.1 Ejemplo de programación en Ladder

– *Diagrama de bloques funcionales (FBD).* La estructura de los programas se basa en bloques que representan, cada uno de ellos, funciones especializadas (AND, OR, NOT, etc.), y mediante la interconexión de dichos bloques se obtiene el programa de control del autómata.

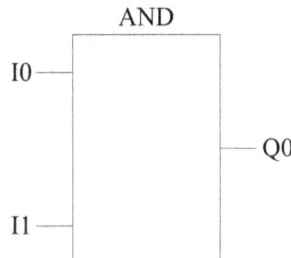

Fig. 5.2 Ejemplo de bloque funcional (puerta AND)

5.2 Tipos de datos

Los tipos de datos definen el tamaño en bits y formatos en que se pueden almacenar las variables de que dispone el PLC. Son muy variados y dependen, en la mayoría de los casos, de cómo los haya implementado el sistema con el que se esté trabajando, pero la norma IEC-61131-3 define los datos que se indican en la tabla 5.1.

	Tipo de dato	Bits	Valor inferior	Valor superior
BOOL	Booleano	1	0	1
SINT	Entero corto	8	-128	127
INT	Entero	16	-32.768	32.767
DINT	Doble entero	32	-2.147.483.648	-2.147.483.647
LINT	Entero largo	64	-2^{63}	$2^{63}-1$
USINT	Entero corto sin signo	8	0	255
UINT	Entero sin signo	16	0	65.535
UDINT	Doble entero sin signo	32	0	$2^{32}-1$
ULINT	Entero largo sin signo	64	0	$2^{64}-1$
REAL	Real precisión simple	32	-3,402824E+38	3,402824E+38
LREAL	Real precisión doble	64	-1,797693E+308	1,797693E+308
STRING	Cadena de caracteres	(*)	(*)	(*)
BYTE	Cadena de 8 bits	8	00	FF (Hex)
WORD	Cadena de 16 bits	16	0000	FFFF (Hex)
DWORD	Cadena de 32 bits	32	0000000	FFFFFFFF(Hex)
LWORD	Cadena de 64 bits	64	00000000000000	FFFFFFFFFFFFFFFF(Hex)
TIME	Tiempo transcurrido	(*)	(*)	(*)
DATE	Fecha (dd:mm:yyyy)	(*)	(*)	(*)
TIME_OF_DAY	Hora (hh:mm:ss)	(*)	(*)	(*)
DATE_AND_TIME	Fecha y hora	(*)	(*)	(*)

(*) Depende de su implementación en cada sistema.

Tabla 5.1 Tipos de datos utilizados en PLC

Dentro del conjunto de todas las variables de que puede disponer el autómata, se pueden distinguir varias clases, según su funcionalidad:

- *Booleanas*. Son aquellas variables que sólo tienen dos estados asociados a los niveles lógicos 0 y 1. Van asociados a variables tipo bit, como son las entradas, las salidas, las marcas o los bits de sistema.
- *Numéricas*. Los tipos numéricos (INT y REAL en sus diferentes rangos) permiten representar los datos enteros y reales de que puede disponer el autómata. También permiten guardar variables numéricas, que sirvan para realizar operaciones de tipo aritmético entre variables del mismo tipo o para almacenar valores del proceso controlado.
- *Cadenas*. Representadas para las variables BYTE, WORD, DWORD y LWORD, sirven para almacenar códigos binarios y realizar operaciones lógicas entre ellas. En ningún caso, sirven para realizar operaciones aritméticas. Si se desea realizar tales operaciones, se debe recurrir a las instrucciones de conversión de código para transformar los valores que contienen.
- *Cadenas de caracteres*. El tipo de variable STRING es un conjunto de posiciones de memoria de 8 bits, donde cada posición almacena el código ASCII de un carácter, de tal manera que una variable de este tipo permite almacenar mensajes e informaciones que luego podrían ser representados en pantallas o paneles de operador.
- *Variables de tiempo*. Permiten controlar tanto el tiempo transcurrido desde que se ha producido un evento (TIME), como la fecha y la hora (TIME_OF_DAY, DATE_AND_TIME) en que se han producido eventos en el sistema de control. Esto permite generar históricos de producción y una mejor gestión de las alarmas que se producen en el proceso.

Como se puede ver del listado de tipos de datos, el autómata programable no es más que un sistema digital basado en un microcontrolador, que dispone de una memoria para almacenar las variables que serán tratadas por la CPU del sistema. Para el tratamiento de estas variables, se utilizan diferentes códigos, todos ellos basados en sistemas binarios de representación. En dicho sistema, el elemento mínimo de información es el bit, variable booleana que acepta solamente dos estados posibles: el 1 que corresponde al estado lógico de verdadero y el 0 que corresponde al estado lógico de falso, y a partir de la agrupación de bits podemos obtener un BYTE que corresponde a la agrupación de ocho bits o un WORD que corresponde a la agrupación de 16 bits.

En el sistema decimal, un valor numérico se representa como la suma ponderada de potencias de 10, donde 10 es la base del sistema. Por ejemplo:

$$1.380 = 1 \cdot 10^3 + 3 \cdot 10^2 + 8 \cdot 10^1 + 0 \cdot 10^0$$

donde el valor numérico es la suma de cada uno de los términos, multiplicada por la base elevada a la posición que ocupa, empezando por cero el menos significativo y aumentando una unidad cada posición a la izquierda. De igual manera, se pueden representar los números decimales, sumando cada uno de los términos, multiplicando por la base elevada a las potencias negativas, en función de la posición que ocupen.

$$283,42 = 2 \cdot 10^2 + 8 \cdot 10^1 + 3 \cdot 10^0 + 4 \cdot 10^{-1} + 2 \cdot 10^{-2}$$

Siguiendo esta regla, cualquier número en base b, con n dígitos en la parte entera y m en la decimal, se puede representar como:

$$a_{n-1} \cdot b^{n-1} + a_{n-2} \cdot b^{n-2} + a_{n-3} \cdot b^{n-3} + \ldots + a_0 \cdot b^0 + a_{n-1} \cdot b^{n-1} + a_{n-2} \cdot b^{n-2} + \ldots + a_{m-1} \cdot b^{m-1}$$

Así, las variables que almacena el autómata en binario son fácilmente representables en base 10, tal como se muestra en el ejemplo siguiente:

$$1101101_2 = 1 \cdot 2^6 + 1 \cdot 2^5 + 0 \cdot 2^4 + 1 \cdot 2^3 + 1 \cdot 2^2 + 0 \cdot 2^1 + 1 \cdot 2^0 = 109_{10}$$

Igualmente, se pueden representar binarios con decimales:

$$1101,101_2 = 1 \cdot 2^3 + 1 \cdot 2^2 + 0 \cdot 2^1 + 1 \cdot 2^0 + 1 \cdot 2^{-1} + 0 \cdot 2^{-2} + 1 \cdot 2^{-3} = 13,625_{10}$$

El proceso de pasar un número decimal a binario es el proceso inverso al representado en la fórmula 5.1. El procedimiento consiste en dividir repetidamente por dos y generar sólo la parte entera de la división; el resto de la división corresponde al dígito buscado, desde el menos significativo para el primer resto, al más significativo, que es el resultado de la última división. Siguiendo el ejemplo del valor 109 representado anteriormente, para pasarlo a binario se sigue el procedimiento de la figura 5.3.

$$109\ \underline{|2}$$

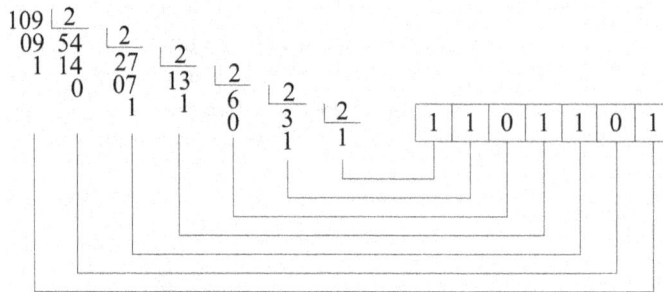

Fig. 5.3 Obtención de un número binario a partir de una expresión decimal

De esta manera, el PLC puede almacenar valores numéricos en binario, con un rango que depende del tamaño de bits de la variable. Dicho rango viene determinado por la fórmula:

$$0_{10} \leq N \leq \left(2^{n} - 1\right)_{10}$$

donde N representa el rango de valores en decimal que se puede almacenar y n el número de bits de la variable. Así:

– USINT: variable sin signo de 8 bits que permite la representación del rango de valores definido por la fórmula:

$$0_{10} \leq N \leq \left(2^{8} - 1\right)_{10}$$

$$0_{10} \leq N \leq 255$$

– UINT: variable sin signo de 16 bits que permite la representación del rango de valores definido por la fórmula:

$$0_{10} \leq N \leq \left(2^{16} - 1\right)_{10}$$

$$0_{10} \leq N \leq 65.535$$

Sin embargo, si se desea representar números enteros y su signo con variables del tipo INT, se necesita un bit adicional, que es el bit de signo; así pues, en un código binario de un número entero con signo, el bit a_{n-1} representa el signo del número entero, y el resto de bits, a_{n-2},..., a_1 y a_0, la magnitud del mismo (fig. 5.4).

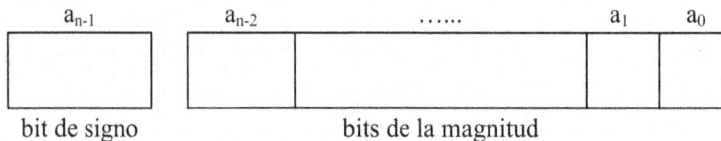

a_{n-1}	a_{n-2}	......	a_1	a_0

bit de signo   bits de la magnitud

Fig. 5.4 Formato de un número negativo en binario

El bit de signo valdrá 1 para los números negativos y 0 para cuando el valor a representar sea positivo. La mayoría de los autómatas utilizan la codificación de *complemento a 2* para representar números negativos. En este sistema de representación, los números positivos se expresan igual que en binario puro. Sin embargo, para escribir los números negativos, se utiliza el complemento a 2. Esta codificación consiste en cambiar el estado de todos los bits (0 por 1 y viceversa) al valor del número en positivo y luego sumarle un 1. Así, si se desea conocer el código en binario del número -1.324, perteneciente a una variable tipo INT, hay que seguir el siguiente proceso:

– Representación del número en positivo:

$1.324 =$ | 0 | 0 | 0 | 0 | 0 | 1 | 0 | 1 | 0 | 0 | 1 | 0 | 1 | 1 | 0 | 0 |

– Inversión del estado de todos los bits:
– Suma de un 1 al código:

| 1 | 1 | 1 | 1 | 1 | 0 | 1 | 0 | 1 | 1 | 0 | 1 | 0 | 0 | 1 | 1 |

$-1.324 =$ | 1 | 1 | 1 | 1 | 1 | 0 | 1 | 0 | 1 | 1 | 0 | 1 | 0 | 1 | 0 | 0 |

De esta manera, y en tan sólo dos pasos, se puede calcular fácilmente el complemento a 2 de cualquier número entero negativo.

El rango de representación de valores enteros en complemento a 2 es de:

$$\left(-2^{n-1}\right)_{10} \leq N \leq \left(2^{n-1}-1\right)_{10}$$

donde N representa el rango de valores en decimal que se puede almacenar y n el número de bits de la variable. Así:

– SINT: variable con signo de 8 bits que permite la representación del rango de valores definido por la fórmula:

$$\left(-2^{7}\right)_{10} \leq N \leq \left(2^{7}-1\right)_{10}$$

$$-128_{10} \leq N \leq 127_{10}$$

– INT: variable con signo de 16 bits que permite la representación del rango de valores representado por la fórmula:

$$\left(-2^{15}\right)_{10} \leq N \leq \left(2^{15}-1\right)_{10}$$

$$-32.768_{10} \leq N \leq +32.767_{10}$$

5.3 Variables del autómata

Antes de entrar a abordar conceptos básicos de programación de autómatas, debe conocerse cuáles son las variables con las que se puede trabajar previamente al inicio de la programación. Las variables permiten asignar un nombre estándar a zonas de memoria del autómata que cumplen una función específica. Estas variables, dependiendo del tipo de autómata, están almacenadas en grupos de 8 bits también denominados bytes o en grupos de 16 bits también denominados WORD; se escogerá un formato u otro dependiendo de la funcionalidad de la instrucción que se vaya a utilizar (tabla 5.2).

Tamaño de los objetos de programa		
Tipo	Denominación	Tamaño (Bits)
BIT	X	1
BYTE	B	8
WORD	W	16
DOBLE WORD	D	32

Tabla 5.2 Denominación de los diferentes tamaños de variables

La clasificación de los objetos depende de la función que desempeñan dentro del programa y de la estructura del autómata:

−*Objetos de E/S.* Asociados a los módulos que desempeñan la función de interface con los dispositivos externos, genéricamente el nombre de variable asociada es el que se indica a continuación, aunque puede variar según el fabricante:

- Objetos de entradas: **I**
- Objetos de salidas: **Q**

El nombre de la variable va seguido del indicador de tamaño (X, B, W o D) seguido de la via de entrada o salida, que en algunos casos puede ir acompañada del número de módulo donde está ubicado en el rack. Ejemplos:

- **I1:** indica el estado correspondiente al bit 1 del módulo de entradas.
- **Q3:** indica el estado correspondiente al bit 3 del módulo de salidas.
- **QW3:** almacena el estado de la palabra de 16 bits de un módulo de salida (asociado generalmente a un módulo de salidas analógico).

−*Objetos de memoria.* Son posiciones de memoria en la RAM del autómata que tienen como misión almacenar estados de variables internas en el proceso de programación; se denominan generalmente *marcas* y se simbolizan con la letra M. A continuación se indica el tamaño del objeto (X, que se puede omitir, B, W o D), seguido del número del objeto que va desde 0 hasta el valor máximo de que dispone el módulo de procesamiento. Ejemplos:

- **M23:** bit 23 de memoria
- **MB10:** byte 10 de memoria
- **MW21:** word 21 de memoria
- **MD2:** doble word 2 de memoria

Los objetos byte, word y doble word suelen ocupar la misma zona de memoria, con la siguiente asignación de dirección:

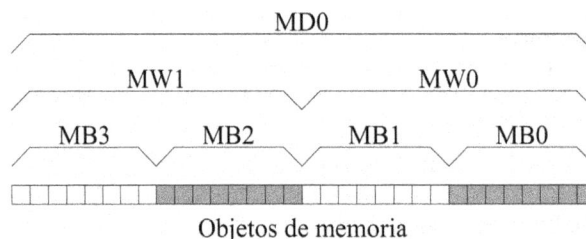

Objetos de memoria

Fig. 5.5 Agrupación de los objetos de memoria

Se pueden leer y escribir directamente los bits de los objetos de memoria mayores de un bit, incluyendo dos puntos después del nombre del objeto, seguido de una X para indicar el tipo de bit y finalmente el bit a leer o a escribir, desde 0 (bit menos significativo) hasta el de mayor peso (longitud del objeto menos uno). Ejemplo:

- **MW10:X12:** se accede al bit 12 de la palabra MW10

Asimismo, las palabras se pueden agrupar en bloques conocidos como *tablas de palabra* incluyendo dos puntos después del nombre de la variable y el tamaño de la tabla:

- **MW11:22:** se crea una tabla de palabras que va de la MW11 a la MW32

– *Objetos de constantes.* Son posiciones de memoria en la RAM del autómata que tienen como misión almacenar valores fijos establecidos en tiempo de diseño del programa y no modificables durante la ejecución de éste. Esta variable se suele denominar K, seguida del tamaño del objeto (X, B, W o D) y el número de constante, que va desde 0 hasta el máximo permitido por la unidad de procesamiento:

- **KW24:** se accede a la palabra constante 24

– *Objetos de sistema.* Posiciones en memoria del autómata que permiten interactuar con el sistema del mismo, modificando su funcionamiento o bien informando al usuario de sucesos o errores en el hardware. La denominación de estas variables depende mucho del fabricante.

5.4 Programación básica en Ladder

El lenguaje Ladder, también denominado de contactos, intenta trasladar a un sistema programable la simbología empleada en los esquemas cableados al programa de aplicación del PLC; por ello, las intrucciones básicas son una traslación de los símbolos de un sistema cableado a los símbolos del sistema programado, como se muestra en la figura 5.6.

Símbolo	Contacto NA	Contacto NC	Bobina
Eléctrico	S22	S25	K2
Ladder	I0 ┤├	I1 ┤/├	Q0 ─( )─

Fig. 5.6 Equivalencia entre simbología eléctrica y Ladder

El estado del contacto cableado depende de la acción de actuar o no sobre él; así, un contacto normalmente abierto (NA) en reposo deja abierto un circuito y al ser accionado lo cierra; mientras que un contacto normalmente cerrado (NC) en reposo cierra un circuito y al ser accionado lo abre.

En sistemas programados, el estado del contacto depende de la variable asociada a él. En el caso de un contacto NA, si su variable asociada está a 0 deja abierto el circuito que controla, y cuando su variable asociada se activa (su valor es 1) cierra dicho circuito. En el caso de un contacto NC, si la variable asociada está desactivada (valor 0), el circuito está cerrado y, al ser activada, se abre.

Así, en principio, un programa en Ladder no es más que una o un conjunto de bobinas asociadas a una linea de contactos, en serie o en paralelo, que determinan la función de activación o desactivación de dicha bobina. Por tanto, el estado de la salida física que lleva asociada dicha bobina depende de la agrupación de contactos y del estado de las variables asociadas a éstos. Mediante la agrupación de contactos, se obtienen las diferentes funciones lógicas básicas que permiten el diseño de sistemas automatizados (Figura 5.7).

Función	Línea de contactos	Ecuación
NOT	I0 Q0	$Q0 = \overline{I0}$
OR	I0 Q0 / I1	$Q0 = I0 + I1$
AND	I0 I1 Q0	$Q0 = I0 \cdot I1$

Fig. 5.7 Funciones elementales del lenguaje Ladder con contactos y bobinas

A partir del uso de estas estructuras elementales, es posible diseñar cualquier función lógica combinacional que active una bobina, como la de la figura 5.8.

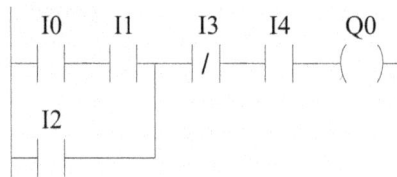

Fig. 5.8 Ejemplo de función lógica en lenguaje Ladder

A la función de la figura 5.8, le corresponde la siguiente expresión lógica:

$$Q0 = [(I0 \cdot I1) + I2] \cdot \overline{I3} \cdot I4$$

Por tanto, la salida física asociada a la variable Q0 estará activa al cumplirse la función lógica que describe su estado.

5.4.1 Ejemplo de aplicación: llenado de un depósito mediante bombas

Un reactivo químico, almacenado en un depósito subterráneo y exterior por cuestiones de seguridad, se bombea a un depósito auxiliar que alimenta un reactor que trabaja de manera continua mediante un sistema de dos bombas conectadas en paralelo. El esquema de la figura 5.9 representa ambos depósitos.

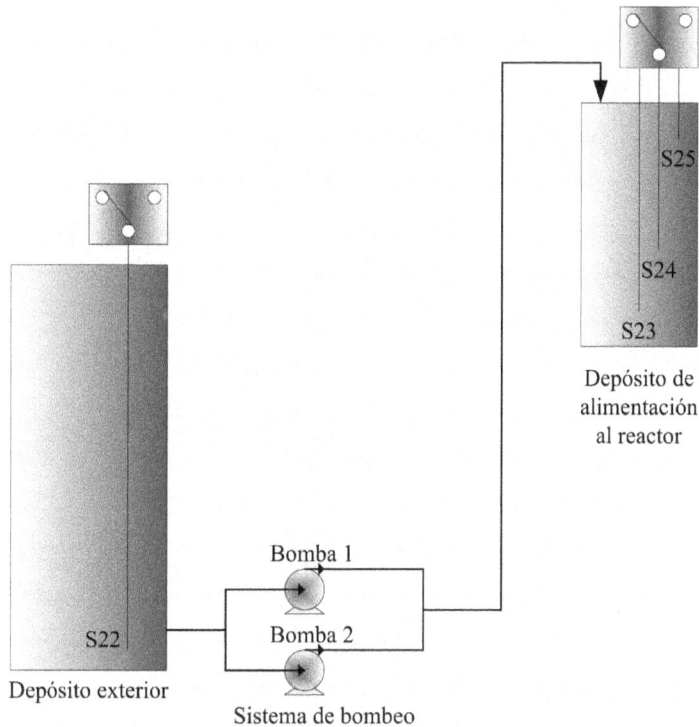

Fig. 5.9 Sistema de bombeo de dos depósitos

El sistema formado por los dos depósitos ha de seguir el ciclo de trabajo que se indica a continuación:
- Únicamente puede bombearse agua si el depósito exterior alcanza el nivel mínimo S22.
- El reactivo se bombea automáticamente, empleando las dos bombas, si el nivel del líquido no llega al nivel de trabajo S23 o manualmente a partir de los pulsadores de marcha (S20) y paro (S21).
- La bomba 2 parará al llegar líquido a S24.
- La bomba 1 parará al llegar líquido a S25.

Una vez definidas las condiciones de trabajo del sistema a controlar, el primer paso es asignar y conectar cada uno de los elementos a las entradas y salidas del autómata. Para este ejemplo, se seguirá la siguiente asignación:
- Contacto NA del pulsador S20 a la entrada I0
- Contacto NA del pulsador S21 a la entrada I1

- Contacto del detector S22 a la entrada I2
- Contacto del detector S23 a la entrada I3
- Contacto del detector S24 a la entrada I4
- Contacto del detector S25 a la entrada I5
- Salida Q0 para activar la bomba B1
- Salida Q1 para activar la bomba B2

El programa para la automatización de los depósitos se muestra en la figura 5.10.

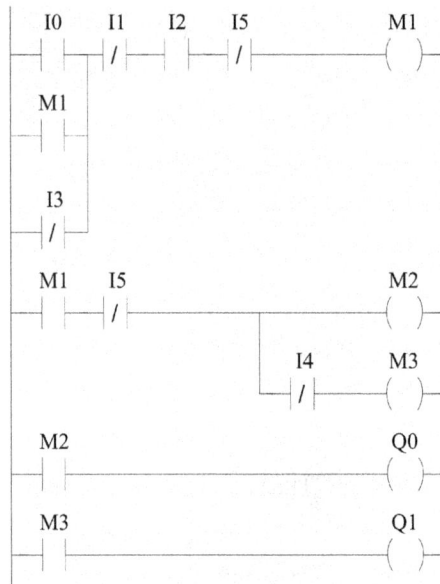

Fig. 5.10 Programa en lenguaje Ladder correspondiente al sistema de bombeo de dos depósitos

En la primera línea, la variable M1 indica la puesta en marcha del ciclo de trabajo, que se iniciará o bien porque se pulse marcha (I0), o porque el detector S23 no detecte líquido y, por tanto, indique depósito vacío, además se añade la propia variable M1 como variable de memorización. Los estados, tanto del pulsador de marcha como del detector de depósito vacío, son momentáneos y no permanentes; sin embargo, el sistema, representado aquí por M1, ha de continuar en marcha una vez se ha dado la orden inicial. Esto se consigue poniendo la propia variable M1 como variable de activación del sistema, también denominada *variable de memorización*. Así, una vez activa M1, solamente se desactivará por la apertura de I1 al pulsar paro en S21, o que el depósito exterior esté vacío, siendo detectado por S22 o que se haya llenado todo el depósito de alimentación del reactor (S23).

Con M1 activa, las variables M2 y M3 activarán, respectivamente, la bomba 1 (Q0) y la bomba 2 (Q1), siempre que no alcancen los detectores de nivel correspondientes a su desactivación.

5.4.2 Contactos y bobinas derivados

A partir de los tres elementos básicos: contacto normalmente abierto, contacto normalmente cerrado y bobina, la variedad de elementos derivados es muy amplia. En la figura 5.11, se resumen los contactos y las bobinas más usuales de cualquier modelo de PLC.

Contactos

⊣ ⊢	*Contacto normalmente abierto (NA).* Cuando la variable asociada está a 1 permite paso de señal y cuando está a 0 impide su paso y, por tanto, la activación del elemento final de la línea del Ladder.
⊣/⊢	*Contacto normalmente cerrado (NC).* Cuando la variable asociada está a 0 permite paso de señal y cuando está a 1 impide el paso y, por tanto, la activación del elemento final de la línea del Ladder.
⊣R⊢	*Contacto impulsional por flanco ascendente.* Este contacto permite el paso de señal en el ciclo de *scan* que detecta un cambio de 0 a 1 en la variable asociada, y solamente permite paso de señal en ese ciclo de *scan*. Para volver a activarse, será necesario que la variable asociada pase a cero y nuevamente detecte el flanco ascendente.
⊣F⊢	*Contacto impulsional por flanco descendente.* Este contacto permite el paso de señal en el ciclo de *scan* que detecta un cambio de 1 a 0 en la variable asociada, y solamente permite paso de señal en ese ciclo de *scan*. Para volver a activarse, será necesario que la variable asociada pase a uno y nuevamente detecte el flanco descendente.

Bobinas

⊣( )⊢	*Bobina directa.* La variable asociada a esta bobina se activará (pasará a tener el estado lógico 1) cuando la línea de Ladder situada a su izquierda tenga continuidad desde su inicio, a través de los contactos que la forman.
⊣(/)⊢	*Bobina inversa.* La variable asociada a esta bobina se activará (pasará a tener el estado lógico 1) cuando la línea de Ladder situada a su izquierda no tenga continuidad desde su inicio, a través de los contactos que la forman. En el momento en que haya una continuidad, la variable asociada pasará a tener estado lógico 0.
⊣(S)⊢	*Bobina de SET.* Esta bobina es una bobina memorizada. Una vez activa, el estado lógico de la variable asociada pasa a valer 1, y permanecerá con este valor independientemente de la continuidad de la línea del Ladder. La única posibilidad de pasar la variable a estado lógico 0 es a través de la bobina de RESET.
⊣(R)⊢	*Bobina de RESET.* Pasa a estado lógico 0 una variable que previamente se ha puesto en estado lógico 1 mediante una bobina de SET.

Fig. 5.11 Simbología de los contactos y las bobinas utilizados en los diagramas Ladder.

5.4.3 Ejemplo de aplicación: marcha y paro del sistema de agitación de un CSTR

El objetivo es el diseño de un programa para la puesta en marcha y el paro de un agitador instalado en un CSTR, activado por la salida Q1, mediante dos pulsadores, marcha y paro, conectados a las entradas I1 e I2, respectivamente.

Una primera solución (fig. 5.12) es llevarlo a cabo mediante simplificación por Karnaugh de las variables que intervienen y el estado de la salida, que da como resultado la función que determina M1, variable intermedia que se utiliza para generar la función que al final del programa se utiliza para activar la salida correspondiente. La realimentación de la variable I1 de la primera línea con M1 permite la memorización de la salida hasta que no se pulse paro. Las ecuaciones son las que siguen a continuación.

$$M1 = \overline{I2}(I1 + M1)$$

$$Q1 = M1$$

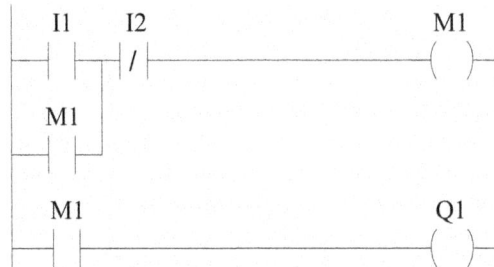

Fig. 5.12 Programa en lenguaje Ladder sin el empleo de bobinas SET y RESET

Una segunda solución es utilizar directamente las instrucciones de SET y RESET que permiten la memorización de la variable de salida, con lo que se obtiene un diagrama más simple (fig. 5.13).

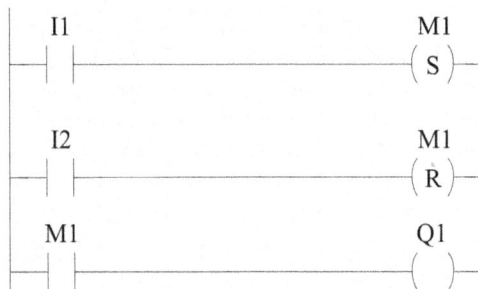

Fig. 5.13 Programa en lenguaje Ladder con el empleo de bobinas SET y RESET

En este caso, la acción de pulsar I1 activa la variable M1 mediante la instrucción de SET, que permanece activa hasta que no se active el paro, que, mediante la instrucción de RESET, desactiva la variable. Como la ejecución del programa es secuencial, en el caso de que el usuario pulse simultáneamente marcha y paro, el valor final de la variable M1 corresponderá al de la última línea, es decir, en este caso se desactivará M1.

5.4.4 Ejemplo de aplicación: marcha-paro con un solo pulsador

Se trata de diseñar el mismo sistema del ejemplo anterior para permitir la puesta en marcha y el paro de un agitador conectado a la salida Q1 mediante un único pulsador conectado a la entrada I1. Al pulsar sobre el elemento, la salida Q1 modificará su estado: si está activa se desactivará, y viceversa. Una primera solución inmediata (fig. 5.14) puede conducir a un planteamiento incorrecto de este ejercicio, debido al modo de funcionamiento y ejecución de los programas en el PLC:

La ejecución de los programas es secuencial y sigue el denominado *ciclo de scan* del programa:
1. El autómata lee el estado de las entradas y las almacena en la zona de memoria denominada *registro de imagen de entrada.*
2. Con las variables de entrada en el registro de imagen de entrada, el programa ejecuta de manera secuencial cada línea de programa en Ladder de izquierda a derecha y de la primera a la última línea, modifica el estado de todas las variables a medida que se ejecutan las instrucciones, y almacena el estado de las salidas en el denominado *registro de imagen de salida.*
3. Una vez finaliza la ejecución del programa, realiza la lectura del registro de imagen de salida, actualiza los módulos de salida, e inicia un nuevo ciclo.

Todo este proceso se denomina *ciclo de scan*, que se caracteriza por un tiempo de duración durante el cual el PLC trabaja con el estado de las variables de memoria y no actualiza las entradas, por lo que pierde el estado real del proceso. Por ello, interesa que este tiempo, que dependerá básicamente del número de instrucciones del programa y si existe alguna instrucción de bucle, sea el más pequeño posible y no supere un valor determinado, para no perder el control en tiempo real del proceso. Este tiempo lo suele controlar la CPU, mediante un registro denominado *watchdog*, que determina el tiempo máximo que ha de durar el ciclo de *scan*; si se supera, generalmente dará un error y detendrá la ejecución del programa.

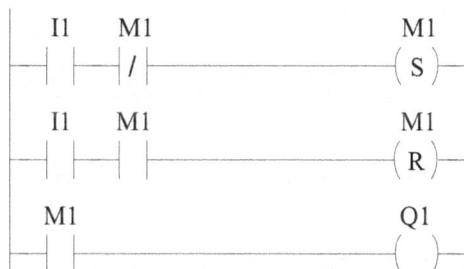

Fig. 5.14 Programa en lenguaje Ladder incorrecto

En el caso del presente ejercicio, se encuentran dos fallos vinculados al ciclo de *scan*, un primer fallo es debido a que, como una única variable (I1) activa y desactiva un proceso, a cada ciclo de *scan* de programa se obtendría el estado contrario de M1 y, teniendo en cuenta que éste es del orden de los milisegundos, tendría una variable que va parpadeando continuamente. Con el fin de evitar esta situación, se ha de vincular el estado de la variable a una instrucción de flanco.

Un segundo error es debido a la ejecución del ciclo de *scan*: si en la primera línea se activa M1, estará activada en la segunda línea, realizando el RESET de M1 y, por tanto, nunca se activaría esta variable. La solución a este problema es utilizar en las condiciones de activación y desactivación una variable que no se modifique hasta que no se hayan evaluado todas las posibilidades.

La solución correcta al ejercicio sería la de la figura 5.15. El estado de la variable I1 solamente se tendría en cuenta en el ciclo de *scan* que encuentra que hay un flanco ascendente de 0 a 1 en dicha variable y, en función del estado real de la salida (Q1), activa el estado contrario en la variable intermedia M1, que finalmente, una vez acabada la evaluación de los posibles estados de salida, la activa o desactiva.

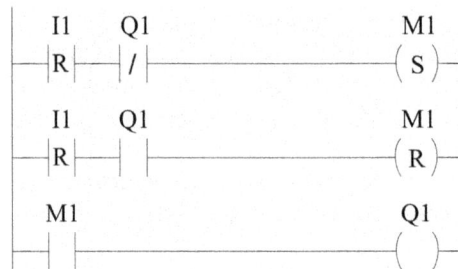

Fig. 5.15 Programa en lenguaje Ladder correcto

5.5 Temporizadores

Los temporizadores se utilizan en los PLC para controlar el tiempo de duración de determinados eventos. La estructura de la instrucción es en forma de bloque de función, tal como se muestra en la figura 5.16.

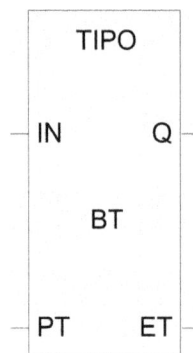

Fig. 5.16 Bloque de función de un temporizador

El bloque de función del temporizador, como el resto de bloques de función, dispone de los parámetros de entrada a su izquierda y de los de salida a su derecha. En el interior del bloque se indican el nombre de la función y los parámetros auxiliares que necesite.

Variables de entrada:
- **IN.** Variable booleana que proviene del flujo de la línea de Ladder. Cuando se active iniciará la temporización.
- **PT.** Valor de preselección del temporizador. Es un valor numérico que determinará, en función de éste y la base de tiempos, el tiempo que va a contar. Por lo general, el valor de temporización es el producto de la base de tiempos por el valor de preselección.

Variables de salida:
- **Q.** Finalización de la temporización. Cuando acaba la temporización, se activa la variable booleana de salida, que puede servir para continuar la línea de Ladder o bien activar directamente una bobina.
- **ET.** Valor numérico que indica el tiempo que lleva temporizado. Varía desde 0 hasta el valor fijado en PT.

Dentro del bloque de la función, se configuran los parámetros que van a determinar el comportamiento de la misma, que varían dependiendo del bloque de función que se esté utilizando. Para este caso, dispone de los siguientes elementos:
- **BT.** Base de tiempos del temporizador. El valor que temporizará la función será el producto de la base de tiempos (BT) que se haya elegido por el valor de preselección del temporizador.

$$Valor\ de\ temporización\ =\ BT \cdot PT$$

Habitualmente, las bases de tiempo estándares suelen ser de 10 ms, 100 ms, 1 s y 1 min, de tal manera que el valor máximo de temporización será siempre el valor máximo admisible por la variable de preselección, un número entero en este caso, multiplicada por la base de tiempos elegida.
- **TIPO.** Se pueden elegir tres tipos diferentes de temporizadores, el temporizador a la conexión (TON), el temporizador a la desconexión (TOFF) o la función impulsión (TP). La manera de representar su funcionamiento se realiza mediante cronogramas en los que se puede ver la evolución de los diferentes parámetros del bloque.
  - **Temporizador a la conexión (TON).** El temporizador responde al cronograma de la figura 5.17.

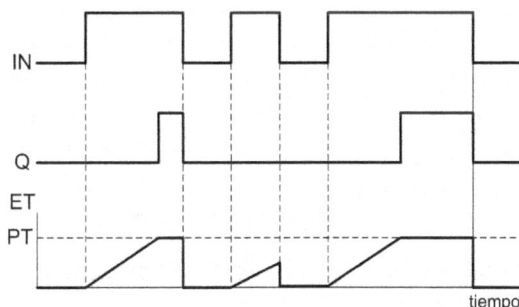

Fig. 5.17 Cronograma del temporizador a la conexión

Cuando se activa la entrada (IN), el valor de ET se va incrementando cada vez que transcurre el tiempo indicado en la base de tiempos. Cuando el valor de ET coincide con el de preselección (PT), la salida del temporizador (Q) pasa a estado alto y activa la bobina de salida que lleva asociada. La salida estará activa hasta que desaparezca la señal de entrada. Si, en cualquier momento, la entrada IN no permanece activa hasta que coincidan ET y PT, el valor de ET pasa a cero. Existe una modalidad de temporizador, denominada *remanente*, que acumula el tiempo que ha estado activa la señal de entrada. La puesta a cero de ET se realiza mediante una entrada adicional de la función que al activarse inicializa el valor de ET.

- **Temporizador a la desconexión (TOFF).** El temporizador comienza a actuar una vez desaparece la señal de entrada de IN. Su comportamiento responde al cronograma de la figura 5.18.

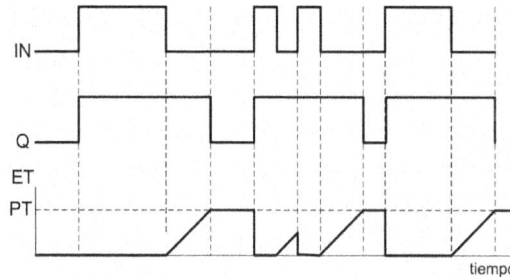

Fig. 5.18 Cronograma del temporizador a la desconexión

Cuando se activa la entrada (IN), instantáneamente conmuta la salida (Q): mientras la señal de entrada esté activa, la salida Q permanecerá activa. Una vez desaparece la señal IN, comienza la temporización y el valor de ET se va incrementando a intervalos regulares de tiempo igual a la base de tiempo que se haya escogido. Una vez los valores de ET y PT son iguales, la salida Q se desactiva.

- **Función pulso.** Este temporizador genera un pulso de duración fija, determinado por el valor de preselección (PT) y la base de tiempos (BT) cada vez que se genera un flanco ascendente en su entrada, tal como se puede ver en el cronograma de funcionamiento de la instrucción (fig. 5.19).

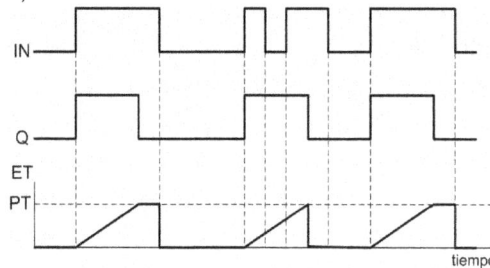

Fig. 5.19 Cronograma de la función pulso

5.5.1 Ejercicio de aplicación: automatización de una depuradora

El esquema de la figura 5.20 representa un sistema de depuración de aguas residuales que funciona de manera discontinua. El proceso se inicia mediante un pulsador de marcha, que activa el ciclo continuo descrito como sigue: mediante la válvula A, se introduce el agua a tratar en el sistema. Cuando se llega al nivel L1, se cierra la válvula y, mediante la válvula B, se adiciona una cantidad determinada de sosa cáustica y otros aditivos que favorecen la precipitación, al tiempo que se inicia el sistema de agitación, hasta alcanzar un pH de valor 12, momento en que el pH-metro genera una señal binaria, dicho pH ha sido determinado experimentalmente para obtener una mayor depuración. Transcurrido un tiempo desde el inicio de la agitación, t1 (siempre superior al tiempo que se tarda en alcanzar pH=12), se deja en reposo para conseguir que los fangos se depositen en el fondo durante un tiempo t2 (ambos tiempos han sido determinados experimentalmente). A continuación, se abre la válvula C, que permite que el agua depurada abandone el sistema hasta llegar al nivel L2, se cierra la válvula y se procede a descargar los fondos mediante la válvula D, que se cierra al llegar el nivel por debajo de L3. Seguidamente, se repite el ciclo, siempre y cuando no se haya pulsado paro, con lo que el sistema quedaría en reposo. La nomenclatura utilizada es la siguiente:

− a0, b0, c0, d0: detectores de válvula cerrada
− a1, b1, c1, d1: detectores de válvula abierta
− M: pulsador de puesta en marcha en ciclo continuo
− P: pulsador de paro al final del ciclo
− L1, L2 y L3: niveles de líquido en la depuradora
− A+, B+, C+, D+: señales de apertura de válvula
− A−, B−, C−, D−: señales de cierre de válvula
− α: agitador

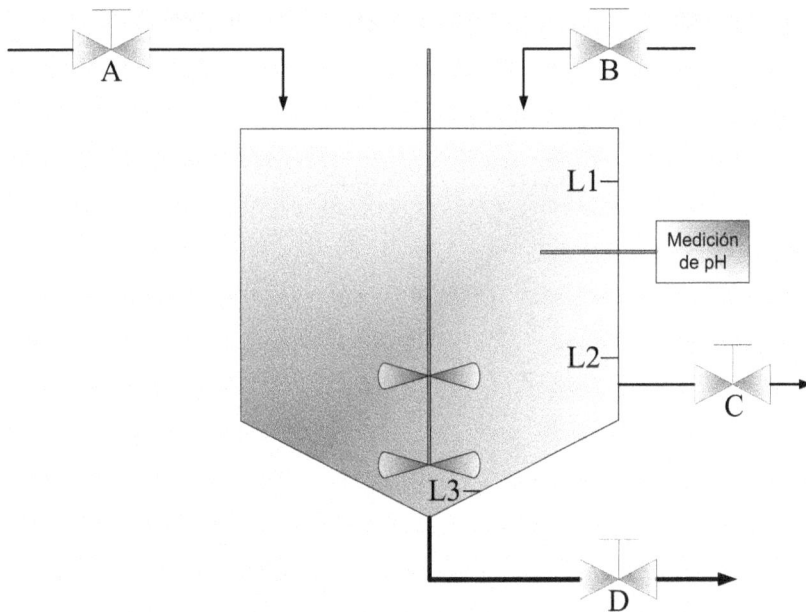

Fig. 5.20 Depuradora de funcionamiento discontinuo

La resolución de un problema de automatización puede abordarse desde diferentes perspectivas metodológicas y lenguajes de programación. Siguiendo la línea de los ejercicios del presente capítulo, se utiliza un método razonado para la determinación de las funciones lógicas de las variables que activan o desactivan cada uno de los elementos físicos del sistema.

El primer paso para la resolución es asignar una entrada o salida a cada uno de los sensores y actuadores del sistema, y realizar la conexiones a los módulos en función de su tecnología, tal como se ha desarrollado en el capítulo 4 (tabla 5.3).

Detect.	Ent.	Detec.	Ent.	Detec.	Ent.	Act.	Sal.	Act.	Sal.
M	I1	d0	I6	L1	I11	A+	Q1	B-	Q6
P	I2	a1	I7	L2	I12	B+	Q2	C-	Q7
a0	I3	b1	I8	L3	I13	C+	Q3	D-	Q8
b0	I4	c1	I9	pH	I14	D+	Q4	α	Q9
c0	I5	d1	I10			A-	Q5		

Tabla 5.3 Asignación de entradas y salidas

A partir de la asignación de entradas y salidas, se procede a la resolución del ejercicio, tal como muestra la figura 5.21.

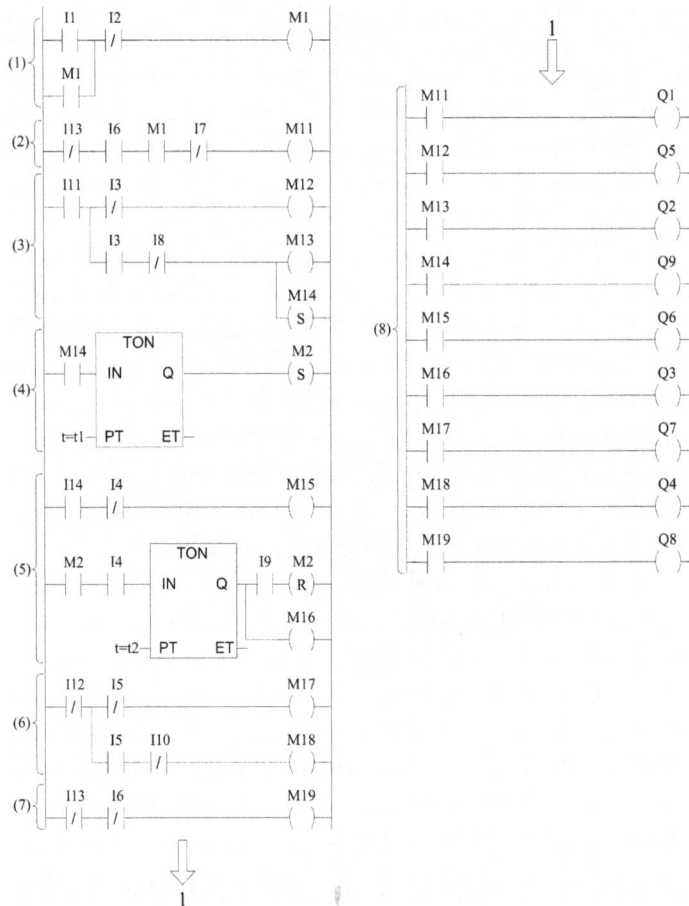

Fig. 5.21 Programa en lenguaje Ladder de la depuradora de funcionamiento discontinuo

El programa se inicia (1) activando la variable de ciclo continuo M1 al pulsar marcha y se desactiva al pulsar paro. Se utiliza la realimentación con M1 para memorizar el estado de la pulsación de marcha, que se desactivará al pulsar paro y abrir la línea de activación de M1.

El inicio de ciclo de llenado (2) a través de la válvula A (Q1) comienza cuando el depósito está en condiciones iniciales, es decir, vacío (L3 no detecta, I13), D cerrado (I6) y la variable de ciclo continuo activa, hasta que está completamente abierta A (I7). En este caso, como todas las válvulas del ejercicio se consideran biestables, es decir, memorizan la posición una vez se aplica la señal, no es necesario realimentar o memorizar (instrucción de SET) las condiciones de activación, sino que la válvula permanecerá en estado activo hasta que no se aplique una señal en sentido contrario. En esta línea, al igual que en todas las que haya una activación de variable de salida, se utiliza una marca auxiliar (M11), que al final del programa activará la salida que le corresponde a fin de no repetir bobinas de salida y de tener concentrado en un área concreta de programa, el estado de todas las salidas del proceso.

La activación de L1 (I11) producirá el cierre de la válvula A (M12), activa hasta que esté completamente cerrada (I3), y la apertura de la válvula B (M13), hasta que esté completamente abierta (I8), así como la activación y memorización del agitador (M14), pues éste no memoriza el estado (3).

El agitador (M14) activa un temporizador TON, que determina el tiempo de funcionamiento de éste, finalizado el cual realiza un SET de M2 que permitirá continuar el ciclo de trabajo (4).

Una vez el medidor de pH (I14) alcanza el valor deseado (5), activa el cierre de B (M15) hasta que esté completamente cerrada (I4).

Transcurrida la primera temporización t1, con M2 activa y B cerrada (I4), se inicia una segunda temporización t2, que al finalizar abre C (M16) y, una vez abierta (I9) realiza el RESET de M2.

Al dejar de detectar L2 (I12), se produce el cierre de C (M17) y la apertura de D (M18) una vez se ha cerrado completamente C (6).

Vaciado el depósito, detectado por L3 (I13), se desactiva D (M19) (7), y en las siguientes líneas (8) se llevan todas las marcas auxiliares a las salidas. Si cualquier salida se ha activado con más de una marca, se realizará la función OR de todas ellas con la finalidad de no repetir nunca una bobina normal, puesto que daría lugar a fallos en el ciclo del automatismo.

5.6 Contadores

Este tipo de función sirve para registrar el número de veces que sucede un determinado evento en un proceso automatizado. El autómata puede disponer de tres tipos de contadores: el contador ascendente (CTU), el contador descendente (CTD) y el contador ascendente/descendente (CTUD).

    –*Contador ascendente (CTU)*. Este bloque tiene tres variables de entrada: PV o valor de preselección del contador, un número entero que determina el módulo del contador; la entrada CU, que funciona por flanco ascendente (cada vez que se tenga un flanco ascendente en esta entrada, se incrementará la variable CV en una unidad), y la entrada booleana R, que realiza el RESET del contador poniendo a cero la variable CV.

Dispone, a su vez, de dos variables de salida: Q, que se activará cuando el valor de CV sea igual o mayor al de PV, y CV, que indica el valor actual del contador.

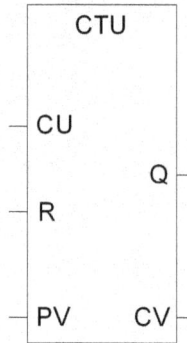

```
         CTU
    ┌──────────────┐
    │              │
 ──┤ CU           │
    │              │
    │            Q ├──
 ──┤ R            │
    │              │
    │              │
 ──┤ PV        CV ├──
    └──────────────┘
```

Fig. 5.22 Bloque de función del contador ascendente

– *Contador descendente (CTD)*. Este bloque tiene tres variables de entrada: PV o valor de preselección del contador, un número entero que determina el módulo del contador; la entrada CD, que funciona por flanco ascendente (cada vez que se tenga un flanco ascendente en esta entrada, se decrementará la variable CV en una unidad), y la entrada booleana L, que realiza la carga del contador poniendo el valor de PV en la variable CV.

Dispone a su vez de dos variables de salida: Q, que se activará cuando el valor de CV sea igual a cero, y CV, que indica el valor actual del contador.

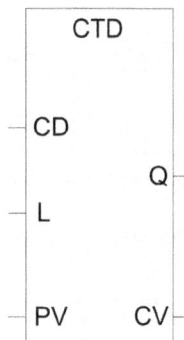

```
         CTD
    ┌──────────────┐
    │              │
 ──┤ CD           │
    │              │
    │            Q ├──
 ──┤ L            │
    │              │
    │              │
 ──┤ PV        CV ├──
    └──────────────┘
```

Fig. 5.23 Bloque de función del contador descendente

– *Contador ascendente/descendente (CTUD)*. Este bloque es una combinación de los dos contadores anteriores y tiene cinco variables de entrada: PV o valor de preselección del contador, un número entero que determina el módulo del contador (fig. 5.24); las entradas CU y CD, que funcionan por flanco ascendente e incrementan o decrementan la variable CV, y las entradas RESET (R) y Carga (L) del contador.

Como variables de salida, dispone de QU, que se activa cuando el valor de CV coincide con el de PV; QD que se activa cuando el valor de CV es igual a 0, y CV, valor entero que indica el valor actual del contador.

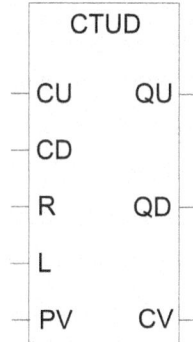

Fig. 5.24 Bloque de función del contador ascendente/descendente

5.6.1 Ejercicio de aplicación: línea de envasado de caramelos

Una línea de envasado de caramelos consiste en una cinta transportadora, activada por el dispositivo K1, por la que circulan envases de cuatro bolsas de caramelos a las que se les deben introducir 150 piezas (fig. 5.25). Al llegar a un punto de detección de envases (D1), se detiene la cinta y un dosificador se desplaza a la izquierda al activar K4, situándose secuencialmente sobre cada una de las bolsas para adicionar, mediante la activación de K2, los 150 caramelos, los cuales son contados mediante un detector situado a la salida del dosificador (D6). La posición de llenado de cada una de las bolsas se detecta mediante un sensor al cual se desplaza el dosificador cada vez que llena la anterior (D2, D3, D4 y D5). Una vez finalizado el llenado de las cuatro bolsas, el dosificador pasa a su posición de reposo, activando el movimiento a la derecha a través de K3 (posición 1 de llenado) y poniendo en marcha la cinta para dejar paso al siguiente envase de cuatro bolsas una vez el dosificador está en posición inicial.

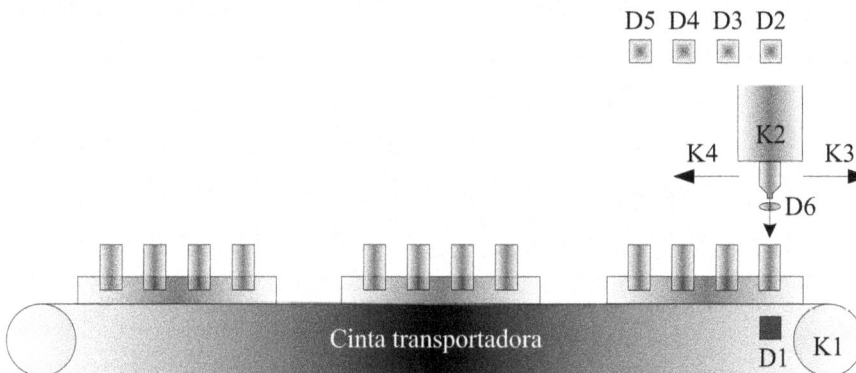

Fig. 5.25 Línea de envasado de caramelos

Siguiendo el método de resolución del ejercicio anterior, el primer paso es asignar una entrada o salida del PLC a cada uno de los detectores o actuadores del sistema (tabla 5.4).

Detec.	Ent.	Detec.	Ent.	Act.	Sal.
M	I1	D4	I6	K1	Q1
P	I2	D5	I7	K2	Q2
D1	I3	D6	I8	K3	Q3
D2	I4			K4	Q4
D3	I5				

Tabla 5.4 Asignación de entradas y salidas

A partir de la asignación se procede a la resolución del ejercicio (fig. 5.26):

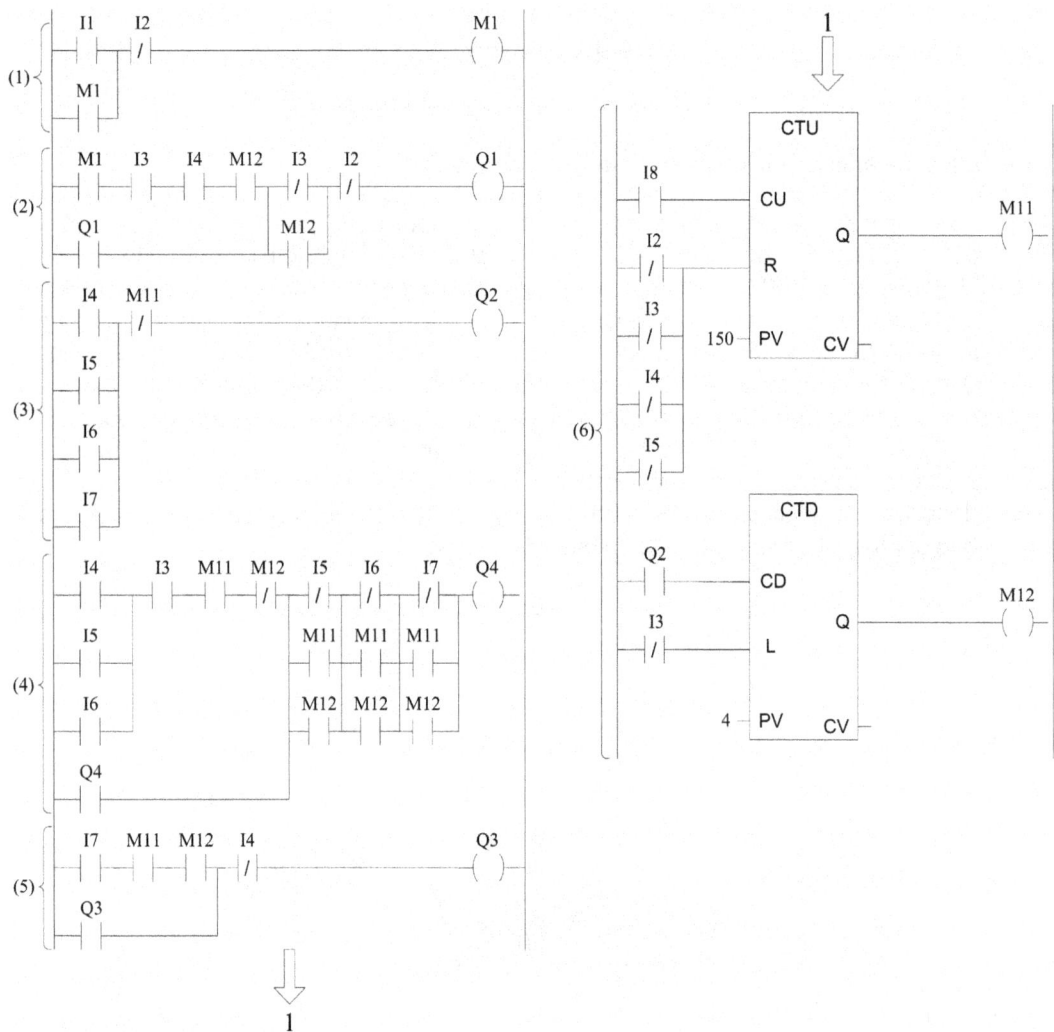

Fig. 5.26 Programa en lenguaje Ladder de la línea de envasado de caramelos

El programa se inicia (1) activando la variable de ciclo continuo. A partir de ésta, se controla en la siguiente línea (2) la puesta en marcha y el paro de la cinta (Q1), ésta se activa si el ciclo es continuo (M1), detecta el envase en D1 (I3) y el dosificador está en reposo (I4) y ha completado el ciclo de cuatro llenados (M12). Permanece activa siempre que no se cumpla la activación de D1 (I3) y no haya completado el ciclo de cuatro llenados (M12), o bien se pulse paro. La ecuación booleana de la primera condición completa que describe la condición anterior es la siguiente:

La activación del llenado de cada uno de los envases (3) se producirá siempre que se detecte alguno de los captadores de posición de bolsa (I4, I5, I6, I7), hasta que detecte que éstos están completos (M11).

$$I3 \cdot \overline{\overline{M12}} = \overline{I3} + M12$$

La activación del movimiento hacia la izquierda del dosificador (4) se producirá cada vez que un envase esté lleno y esté detectando cada una de las posiciones (excepto la última en que irá al estado de reposo) y se detendrá al llegar a la siguiente posición, siempre que no se haya acabado el ciclo de cuatro llenados (M12).

Finalmente (5), se programa la vuelta a la posición de reposo del dosificador cuando haya acabado el llenado (M11) en la posición del detector D5 (I7) y por tanto haya finalizado el ciclo de llenado de los cuatro envases (M12) y se detendrá al detectar D2 (I4).

Para el contaje (6), se utiliza un contador ascendente de módulo 150, que se incrementa cada vez que detecta D6 (I8), y pasa a cero cada vez que se deja de detectar una de las cuatro posiciones de llenado. Una vez completados los 150 elementos, el contador activa la variable M11. Junto a éste se utiliza otro contador descendente de módulo 4, para controlar el número de bolsas llenadas, cada vez que se activa K2 (Q2), se decrementa en una unidad indicando que se está produciendo el llenado en una posición. Cuando el contador vale 0, activará M12, indicando que ha completado el ciclo de cuatro llenados y el dosificador podrá volver al estado de reposo.

diseño de procesos químicos en lenguaje grafcet

6.1 Descripción de las especificaciones para la automatización mediante GRAFCET

A principios de los años setenta, y como consecuencia de la constante evolución experimentada en el desarrollo de los sistemas lógicos, se llegó a la conclusión de unificar criterios sobre todos los conceptos presentes hasta la fecha. Especialmente en Francia, se realizaron diversos esfuerzos para obtener sistemas de representación de automatismos industriales con el objetivo de solucionar este problema. Finalmente, en 1975 se creó una comisión para su normalización dentro del grupo de trabajo de la Asociación Francesa para la Cibernética Económica y Técnica (AFCET) con un objetivo claro: reagrupar y homogeneizar los distintos estudios realizados hasta el momento con el fin de crear un sistema de representación del ciclo de trabajo de un proceso automatizado.

Por todo ello, en 1977, dos años después de su creación, se definía el GRAFCET (*Graphe de Commande Etape-Transition*). El grupo de trabajo de la Agencia Nacional para el Desarrollo de la Producción Automatizada (ADEPA) se erigió en estandarte para dar al GRAFCET una forma normalizada, teniendo en cuenta las normas existentes y los usos generales de los símbolos normalizados.

En 1982, se creó la norma francesa UTE NF C 03-190 (*Diagramme fonctionnel "GRAFCET" pour la description des systèmes logiques de commande*). Actualmente, la International Electrotechnical Commission (IEC) la ha incluído en su norma IEC 61131-3 bajo la denominación de lenguaje SFC (Sequential Function Charts).

En principio, las representaciones mediante GRAFCET podían clasificarse en dos niveles. En el primer nivel, se trata de una representación del automatismo sin especificar la técnica utilizada. El segundo nivel implica explicitar la tecnología utilizada para la implementación de la automatización.

El lenguaje GRAFCET está constituido por unos elementos gráficos y su dinámica prevé unas reglas de evolución. Básicamente, existen unas *etapas* que representan los diferentes estados del sistema y unas *transiciones* que consideran las condiciones necesarias para franquear una etapa y pasar a la siguiente; ambos elementos (etapas y transiciones) están conectados mediante las *uniones orientadas*.

6.2 Elementos básicos del lenguaje GRAFCET y su representación

Como acaba de indicarse, los elementos básicos para la construcción de un GRAFCET son las etapas, las transiciones y las uniones orientadas (fig, 6.1).

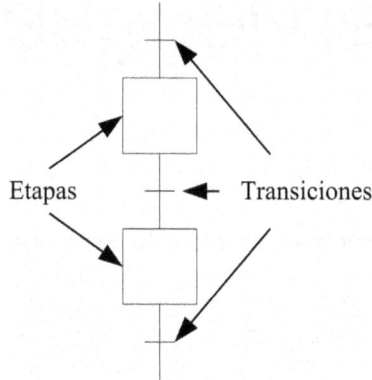

Fig. 6.1 Representación de los elementos fundamentales del lenguaje GRAFCET

A las *etapas*, se les asocian las *acciones*, que pueden agrupar cualquier tipo de órdenes del automatismo sobre el proceso y que pueden consistir en órdenes a la parte operativa, a elementos exteriores al sistema descrito, o a diferentes funciones operativas asociadas (temporizadores, contadores, etc.). Una etapa indica un comportamiento estable del proceso; además, se pueden asociar diversas órdenes en una misma etapa, siempre que se tengan que realizar simultáneamente, sin existir ningún orden de prioridad. Para su representación, se utiliza un cuadrado con la numeración correspondiente. La entrada se dispone en la parte superior y la salida, en la inferior de cada cuadrado representativo de una etapa. La etapa o las etapas iniciales se representan mediante un doble cuadrado, lo que indica aquella o aquellas etapas que son activas al dar la orden de inicio del proceso.

En un momento dado, y siguiendo la evolución del sistema, una etapa puede estar *activa o inactiva* (se ha validado o no su condición de transición precedente, junto con la activación de la etapa o las etapas inmediatamente anteriores). Para indicar que una etapa está activa, se puede indicar mediante un punto en la parte inferior del símbolo de la etapa correspondiente. Se puede realizar la descripción de las acciones de forma literal o mediante algún símbolo; en ambos casos en el interior de uno o varios rectángulos que han de estar unidos mediante un guión a la etapa a la que están asociados (fig. 6.2). En el caso de que la acción se describa de forma simbólica, hay que añadir una tabla que indique la equivalencia entre el símbolo utilizado y la acción que le corresponde. En algún caso, pueden existir etapas en las que no hay ninguna acción asociada.

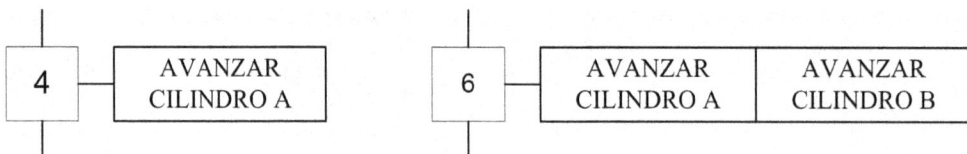

Fig. 6.2 Representación de las acciones asociadas a una etapa

Para mantener una orden durante un determinado número de etapas consecutivas, puede optarse por dos soluciones diferentes: repetir la orden en cada una de las etapas en las que debe cumplirse, con lo que dejará de hacerlo en aquella etapa en la que no se ordene la acción, o bien activar y memorizar la orden en una determinada etapa y desactivarla en una etapa posterior.

Las *transiciones* reciben informaciones del proceso, por lo que siempre están asociadas a *receptividades*, que pueden considerarse todas aquellas señales generadas por personas, detectores, temporizadores, contadores, etc. Se representan mediante pequeños guiones perpendiculares a las uniones entre las etapas. La transición permite la evolución entre las distintas etapas; para ello, es necesario que se franquee la correspondiente transición. Nunca debe existir más que una transición entre dos etapas, y recibe el nombre de *validada* aquella transición cuya etapa o etapas inmediatamente anteriores están activas.

Puede numerarse cada transición entre paréntesis, a la izquierda del guión de la transición para facilitar la identificación de la misma. La condición de la transición se indica simbólica o literalmente al lado derecho del símbolo de la misma. Las *receptividades* asociadas a las transiciones son funciones booleanas (una para cada transición) que definen la ecuación lógica que debe cumplirse para que la transición sea verdadera (se cumpla) y se franquee.

Las *uniones orientadas* conectan las etapas a las transiciones y éstas a las etapas. Se representan mediante líneas verticales u horizontales; de este modo, se visualizan los distintos caminos de la evolución del proceso. Si no se indica lo contrario, se sobreentiende que el sentido de la evolución es descendente; de no ser así, hay que utilizar flechas, que permiten conseguir una mejor comprensión de la evolución. Cuando se trata de un GRAFCET que no puede incluirse en una sola página, o cuando se trata de un diagrama complejo, es conveniente utilizar señales que indican exactamente el punto en que continúa el diagrama. En ningún caso, se pueden conectar dos etapas o dos transiciones entre sí, norma que siempre debe ser respetada, lo que en ocasiones puede obligar a situar una etapa sin que contenga ninguna orden.

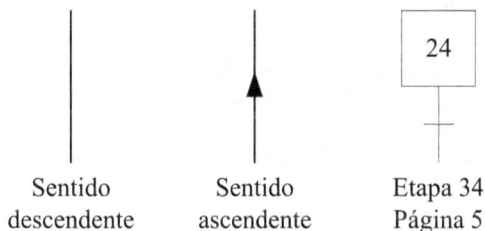

Sentido descendente   Sentido ascendente   Etapa 34 Página 5

Fig. 6.3 Representación de las uniones orientadas en un GRAFCET

6.3 Reglas de evolución del GRAFCET

Un GRAFCET evoluciona en sentido descendente; en caso contrario, y como ya se ha indicado, debe mostrarse con una pequeña flecha de sentido ascendente situada sobre la unión orientada. Con los conceptos definidos hasta el momento ya se pueden indicar las reglas que permiten la construcción de un GRAFCET.

Regla 1. Inicialización

La situación inicial de un GRAFCET indica las etapas que están activas al comenzar el funcionamiento del proceso, por lo que al inicializar el sistema deben activarse única y exclusivamente estas etapas. Dicha situación inicial ha de considerarse una situación de reposo o de parada; en cualquier caso, se comprueba si la situación inicial es la adecuada para el funcionamiento del proceso o se trata de una parada por emergencia, con lo que se deberá llevar el sistema a una situación adecuada.

Regla 2. Evolución de las transiciones

Ya se ha indicado que una transición se denomina *validada* cuando todas las etapas inmediatamente anteriores a ella se encuentran activas; para franquearla son necesarias dos condiciones: *a*) que la transición esté validada y *b*) que la receptividad asociada a esta transición sea verdadera (se cumpla). Si las condiciones anteriores son ciertas, la transición se franqueará obligatoriamente. El paso de la transición ha de ser inmediato; por esta razón, la situación de una transición validada y que se cumpla no ha de considerarse nunca una situación estable.

Regla 3. Evolución de las etapas activas

Asimismo, al franquear una transición, todas las etapas inmediatamente anteriores han de desactivarse y todas las etapas inmediatamente posteriores han de activarse. Todas las activaciones y desactivaciones relacionadas con el franqueo de una transición han de realizarse simultáneamente.

Regla 4. Simultaneidad en el franqueamiento de las transiciones

Varias transiciones simultáneamente franqueables son simultáneamente franqueadas.

Regla 5. Prioridad de la activación

Si en la evolución de un GRAFCET una etapa debe activarse y desactivarse al mismo tiempo, dicha etapa deberá permanecer activa. Es una regla que deja de cumplirse con cierta facilidad aunque se encuentran pocas situaciones en las que una etapa deba activarse y desactivarse al mismo tiempo; en caso contrario, el GRAFCET podría quedarse sin ninguna etapa activa.

6.4 Estructuras básicas

Se trata de exponer una serie de estructuras que permiten observar con facilidad su evolución siguiendo las reglas básicas indicadas previamente.

Se entiende como *secuencia lineal* una serie de etapas que se activan una a continuación de la otra, con lo que a cada etapa le sigue una sola etapa (fig. 6.4). Se puede definir una *secuencia activa* cuando existe una etapa activa, y se define como *inactiva* si cada una de las etapas está inactiva.

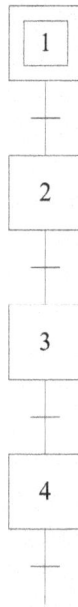

Fig. 6.4 Secuencia lineal

Se denomina *secuencia simultánea* cuando diversas etapas se encuentran unidas a la misma transición y se activan simultáneamente. Se representan por dos líneas paralelas previas a la activación de la secuencia simultánea o posteriores al finalizar la misma (figs. 6.5 y 6.6).

En el primer caso, activación de la secuencia (fig. 6.5), se encuentra una etapa previa a una transición, y ésta no será validada hasta que dicha etapa no esté activa. Cuando se cumpla la receptividad asociada a la transición, se desactivará la etapa previa y se activarán todas las etapas posteriores, y cada una de las líneas de GRAFCET evolucionará independientemente.

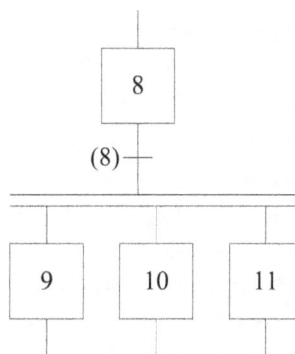

Fig. 6.5 Desactivación de una etapa y activación simultánea de tres etapas al cumplirse la transición

En el segundo caso, desactivación de la secuencia (fig. 6.6), la transición no estará validada hasta que las etapas anteriores a la misma no se encuentren activas al mismo tiempo (habiendo evolucionado independientemente cada una de ellas). Cuando se franquee la transición, se desactivarán simultáneamente dichas etapas y se activará la etapa posterior. A estas estructuras se les denomina también *paralelismo estructural*.

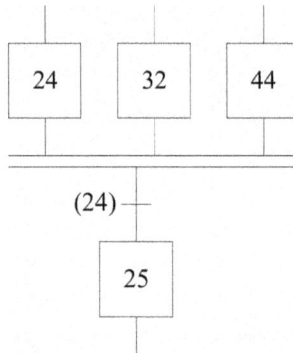

Fig. 6.6 Desactivación de tres etapas y activación simultánea de una etapa al cumplirse la transición

Se denomina *selección de una secuencia* (fig. 6.7) a aquella que permite escoger una única secuencia a seguir entre varias disponibles. Se ha de evolucionar hacia un solo camino, por lo que es indispensable que las condiciones asociadas a las transiciones correspondientes sean excluyentes, es decir, que no puedan cumplirse simultáneamente. Esta estructura es conocida también como *paralelismo interpretado*.

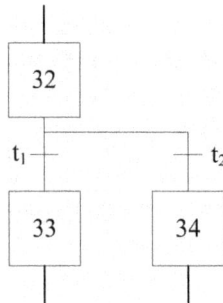

Fig. 6.7 Selección de una secuencia según se cumplan las transiciones t_1 o t_2

La estructura de *salto de etapas* consiste en no realizar una o más etapas cuando no es necesario ejecutar las acciones asociadas a las etapas que se omiten. Se trata de una situación en la que determinadas operaciones pueden obviarse en algunos procesos, aunque no se pueden soslayar en otros. En la figura 6.8, se observa que el GRAFCET evoluciona desde la etapa 3 hasta la etapa 4, o bien se produce un salto desde la etapa 3 hasta la etapa 7 si se cumple la receptividad de la transición correspondiente (t_1 o t_2). Obviamente, para los objetivos indicados anteriormente, las transiciones t_1 y t_2 han de ser excluyentes.

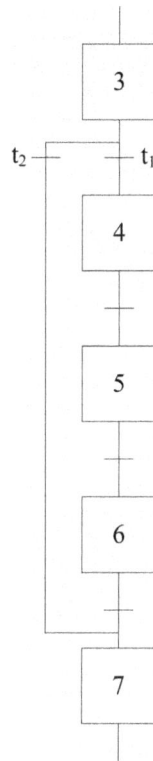

Fig. 6.8 Salto de etapas según se cumplan las transiciones t_1 o t_2

La estructura de *repetición de secuencia* consiste en repetir varias veces la misma secuencia hasta conseguir activar determinadas etapas un número definido de veces, que vendrá precisado por las receptividades asociadas a las transiciones correspondientes; se trata de una situación que puede encontrase en procesos en los que debe repetirse un tratamiento determinado durante un número establecido de veces. En la figura 6.9, no se podrá seguir con la etapa 7 mientras que la transición t_2 sea cierta. Es una estructura que acostumbra a utilizarse cuando se emplea un contador para repetir varias veces una secuencia. Se ha de cumplir únicamente una de las transiciones t_1 o t_2, la primera de las cuales se cumple cuando se ha repetido el subproceso las veces que sea necesario; en caso contrario, se cumple la transición t_2, que permite que se repita el bucle cerrado.

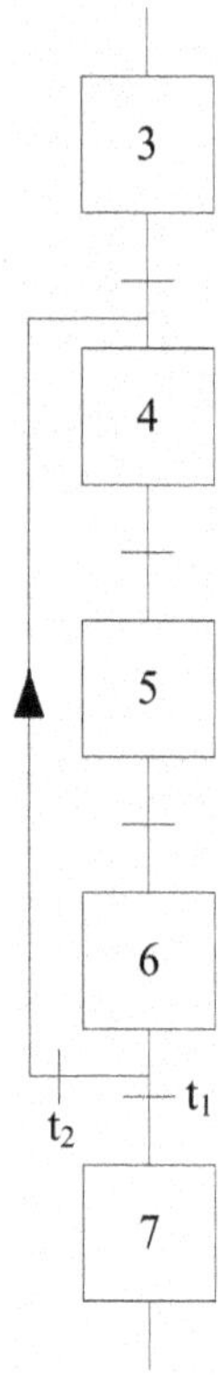

Fig. 6.9 Repetición de una secuencia interna

Las *macroetapas* consisten en una única etapa que representa un conjunto de etapas, transiciones y acciones asociadas. Globalmente, se puede considerar como un GRAFCET anidado que se activa con la acción precedente y, una vez finalizado, mediante una condición de transición permite el paso a la siguiente etapa del GRAFCET principal. La macroetapa permanece activa siempre y cuando una de sus etapas internas esté activa. Su representación es la de una etapa con dos líneas horizontales, tal como se ve en la figura 6.10.

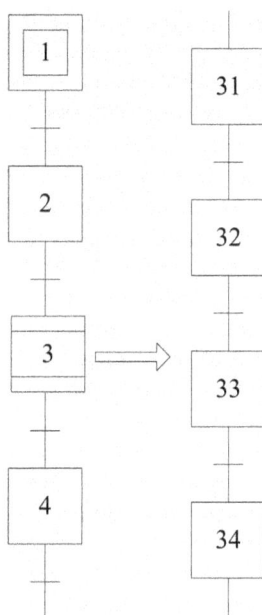

Fig. 6.10 Representación gráfica de una macroetapa y su expansión

Finalmente, asociadas a las etapas se indican las acciones. Éstas pueden ser de diversos tipos, en función de las necesidades del proceso: *acciones activas con la etapa* (fig. 6.11.a), cuya acción desaparece al desactivarse la etapa; *acciones condicionadas* (fig. 6.11.b), cuya activación implica que, además de la etapa, debe estar activa una condición indicada en la parte superior de la acción mediante una línea vertical, y *acciones memorizadas* (fig. 6.11.c) que se activan con la etapa y se desactivan en una etapa posterior con una acción como la de la figura 6.11.d.

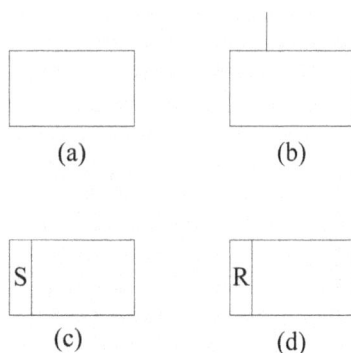

Fig. 6.11 Representación de las diferentes acciones de las etapas

6.5 Proceso de construcción de un GRAFCET

La construcción de un GRAFCET requiere la misma información previa que la necesaria para la automatización de cualquier proceso y debe incluir todo tipo de datos disponibles de la evolución del mismo. El siguiente punto es la correspondencia que hay que estudiar entre las acciones del proceso y las etapas del GRAFCET, y la que existe entre las informaciones generadas por el proceso y las transiciones del GRAFCET. También deben incluirse todas las acciones e informaciones que se consideren necesarias y mejoren la automatización del proceso, sin que influyan en la filosofía de la evolución del mismo.

En muchos casos, es recomendable construir un diagrama de entradas y salidas que visualice claramente aquellas variables que actúan como tales, lo que puede evitar cualquier confusión. Con los pasos indicados anteriormente, ya se puede proceder a construir el GRAFCET correspondiente a un proceso determinado.

A continuación, se presentan algunos ejemplos de construcción de diagramas GRAFCET a partir de unas especificaciones determinadas, con el objetivo de interpretar de forma práctica los conceptos indicados hasta ahora.

6.5.1 Ejemplo de aplicación: proceso de mezcla con calentamiento de dos líquidos y un sólido

Para resolver el problema presentado en el capítulo 1 y que ha servido para introducir la necesidad de la automatización en la industria química, se presenta la resolución del mismo como aplicación del GRAFCET, cuyo planteamiento se repite ahora para facilitar su comprensión. El esquema que se muestra en la figura 6.12 representa un proceso de mezcla con calentamiento; se trata de adicionar un sólido a una mezcla de líquidos teniendo en cuenta que su solubilización se ve favorecida por un aumento de la temperatura, mantenerla en un valor superior a la ambiente durante un tiempo determinado y, a continuación, proceder a su descarga. Para una mayor comprensión, se ha considerado una exposición de las condiciones que permiten aproximarse mejor al proceso.

Se trata de adicionar el líquido A hasta el nivel L1, poner en marcha el agitador y, a continuación, adicionar el líquido B hasta el nivel L2; en este momento, comienza a adicionarse el sólido mediante una cinta transportadora temporizada. El siguiente paso es la puesta en marcha de un sistema de control de temperatura cuyo valor deseado (*set point*) es de 40 °C. Dicha temperatura debe mantenerse durante 10 minutos, tiempo que se considera suficiente para alcanzar una solubilización completa del sólido añadido. A continuación, debe pararse el sistema de agitación y proceder a la descarga de la mezcla hasta el nivel LF. Finalmente, ha de dejarse el sistema en condiciones de reiniciar el proceso completo. Se considera que las etapas descritas anteriormente provienen del estudio y de la optimización del proceso. En cualquier caso, ya se ha indicado en diversas ocasiones que el objetivo debe ser plantear y resolver la automatización del proceso que se presenta, no mejorarlo bajo un punto de vista técnico, ya que éste no es su propósito.

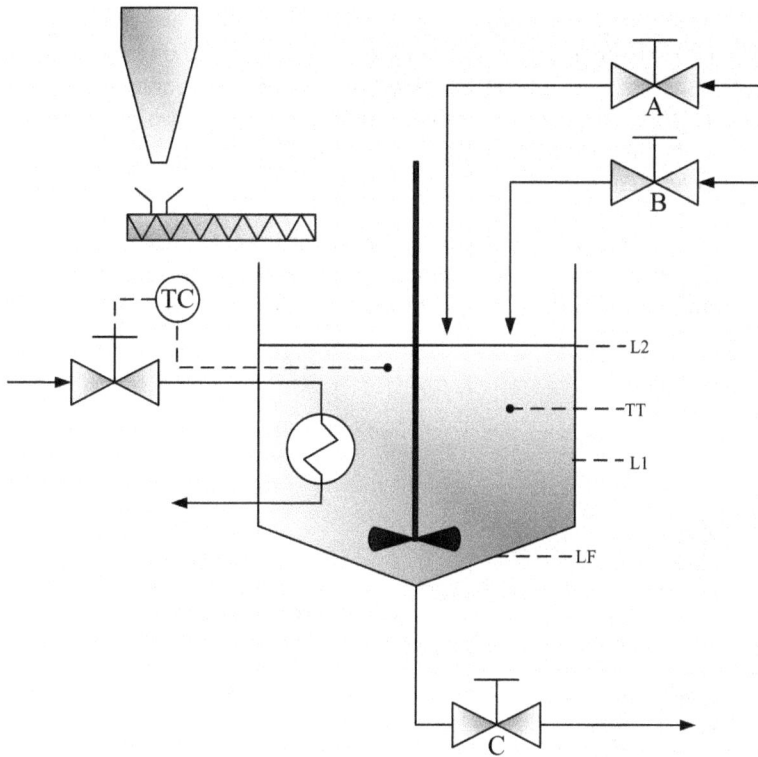

Fig. 6.12 Esquema de un sistema para la mezcla de líquidos y sólidos

Seguidamente, y de manera excepcional, en este ejemplo se esquematiza un diagrama de entradas y salidas, que se corresponderá con las que se pueden extraer del enunciado del problema (fig. 6.13). Deben añadirse aquellas entradas y salidas que aparecen debido a las señales generadas por las necesidades de información y control de las distintas variables que intervienen en el proceso.

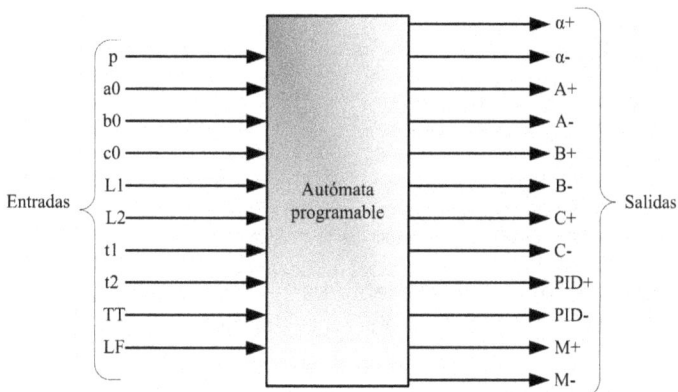

Fig. 6.13 Diagrama de entradas y salidas

Los símbolos $\alpha+$ y $\alpha-$ corresponden a la puesta en marcha y al paro del agitador. PID+ y PID− se corresponden con las órdenes de puesta en marcha y paro del sistema de control de temperatura. TT corresponde al sensor de temperatura que indicará cuándo la disolución alcanza los 40 °C. La temporización corresponde a la cinta transportadora, cuyo motor M+ se pone en marcha al mismo tiempo que se inicia la temporización; M− corresponde al paro de dicho motor, transcurrido el tiempo necesario para la adición de la cantidad necesaria de sólido.

En la figura 6.14, se muestra el GRAFCET correspondiente a este proceso, con la simbología indicada. Debe tenerse en cuenta que la misma interpretación del funcionamiento y la evolución del proceso puede llevar a diferentes esquemas con el mismo resultado final.

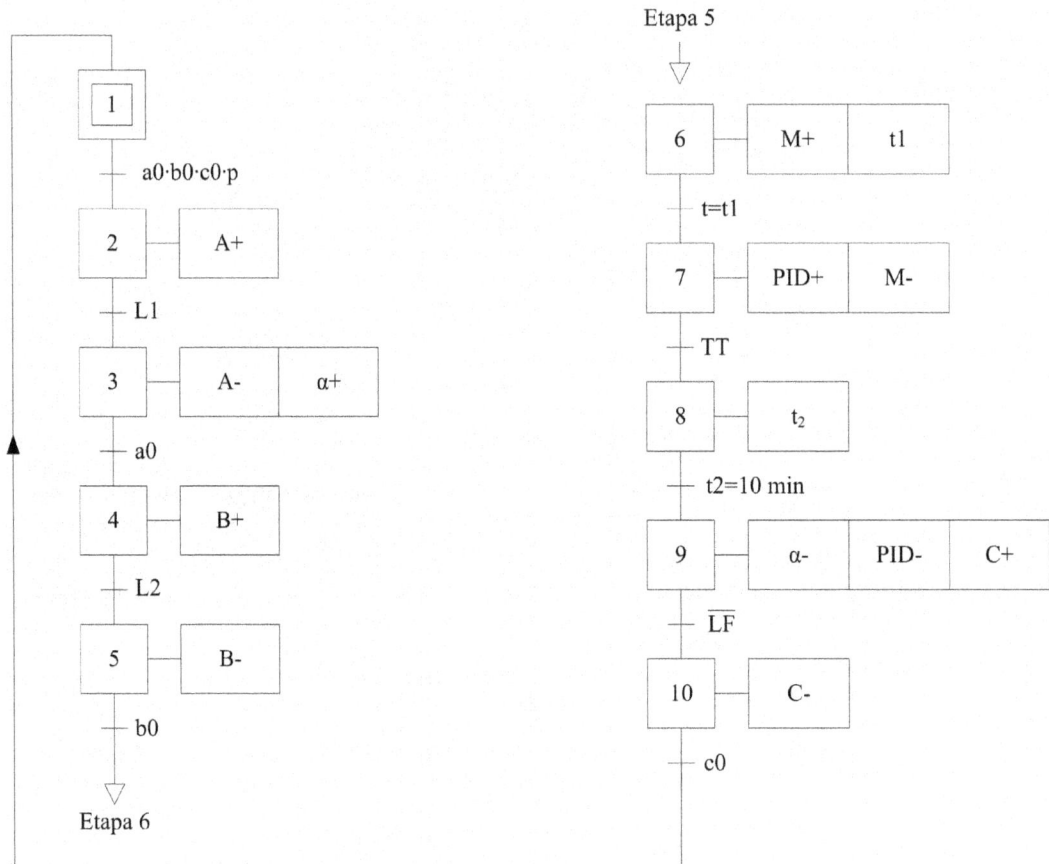

Fig. 6.14 GRAFCET correspondiente al sistema de mezcla

Es importante observar que en el planteamiento se ha considerado que todas las órdenes asociadas a las etapas presentan memoria (solamente deben activarse y desactivarse).

6.6 Equivalencia entre GRAFCET y Ladder

A pesar de que actualmente una gran parte de autómatas permiten programarse mediante GRAFCET para definir el ciclo de trabajo del proceso y utilizar solamente el Ladder para programar las transiciones y las acciones, una metodología que se sigue habitualmente en los sistemas automatizados es la traslación del diagrama GRAFCET de segundo nivel a un programa en lenguaje Ladder, siguiendo unas sencillas reglas que facilitan el diseño del programa. Partiendo de esta premisa, se considera interesante presentar una equivalencia entre los dos lenguajes de programación, que aprovecha la comprensión visual del ciclo de trabajo del proceso que ofrece el lenguaje GRAFCET y la potencia de programación que ofrece el lenguaje Ladder.

Básicamente, se trata de asociar una variable interna (marca) del autómata a cada etapa; de esta manera, se puede llegar a la equivalencia de la figura 6.15, en la que se mantiene la evolución de un diagrama GRAFCET en un diagrama Ladder, activando y desactivando diferentes variables internas del autómata, cada una de ellas asociada a una etapa.

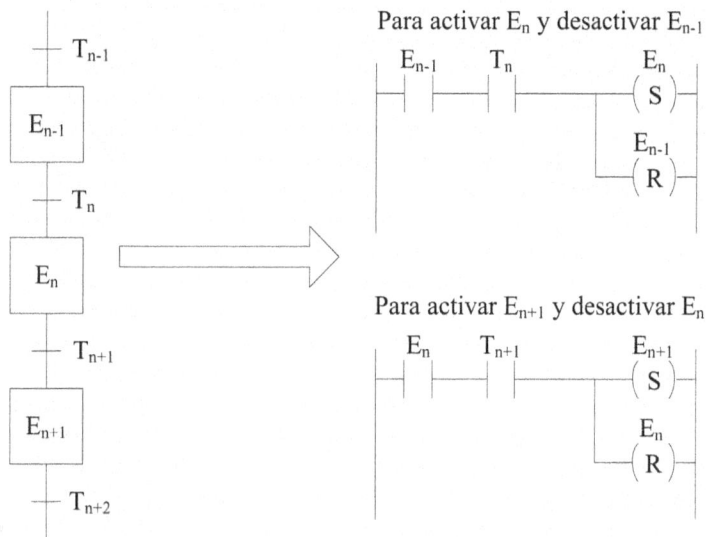

Fig. 6.15 Equivalencia básica entre los lenguajes GRAFCET y Ladder

El inicio de la ejecución de un GRAFCET consiste en activar la primera etapa (etapa E_0), objetivo que se puede plasmar en Ladder de la manera que se indica en la figura 6.16, situación que se cumple cuando el resto de etapas están inactivas.

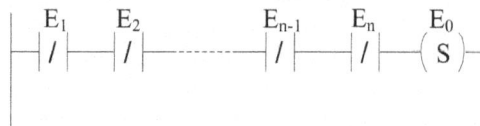

Fig. 6.16 Condición necesaria para el inicio de la evolución del GRAFCET

El resto de reglas de evolución de un GRAFCET se pueden plasmar en las equivalencias que se indican a continuación.

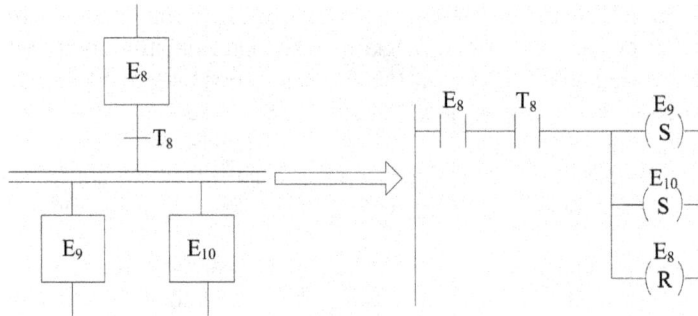

Fig. 6.17 Secuencias simultáneas. Divergencia en Y

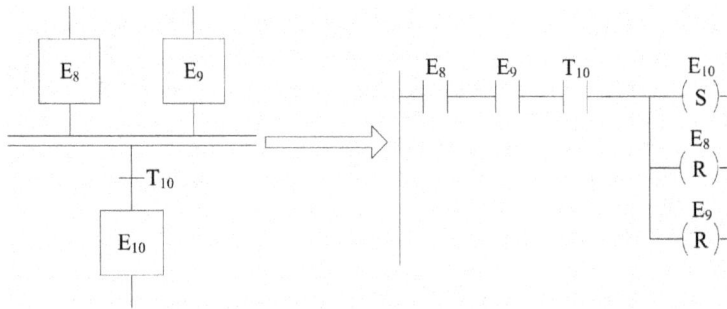

Fig. 6.18 Secuencias simultáneas. Convergencia en Y

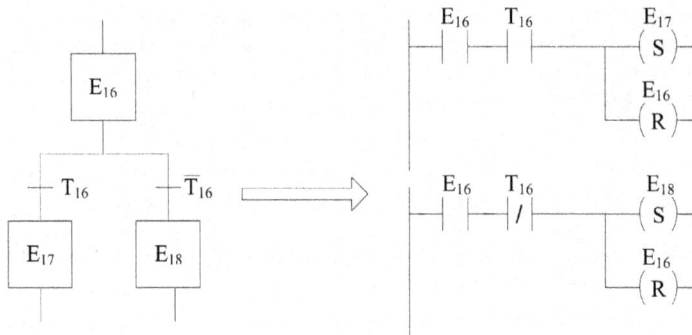

Fig. 6.19 Elección entre varias secuencias. Divergencia en O

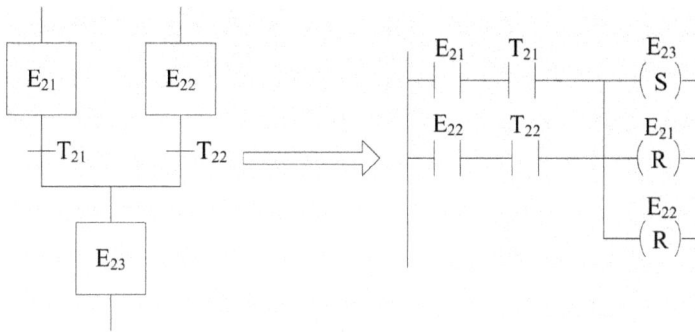

Fig. 6.20 Convergencia en O

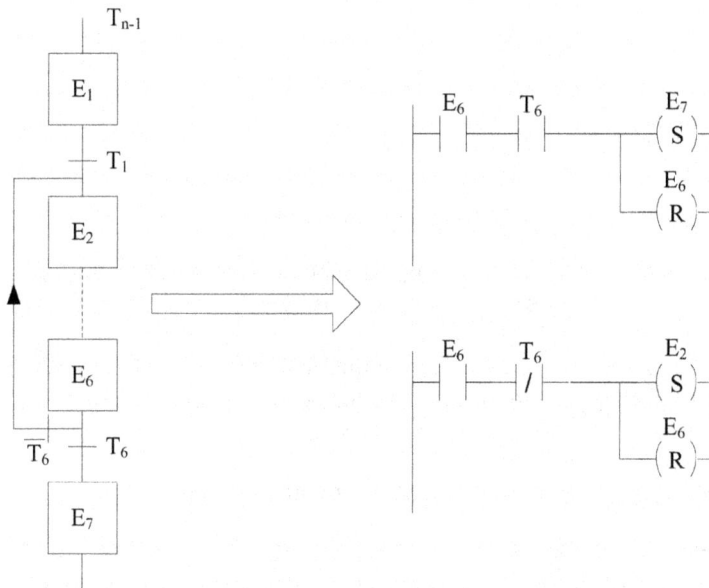

Fig. 6.21 Repetición de una secuencia

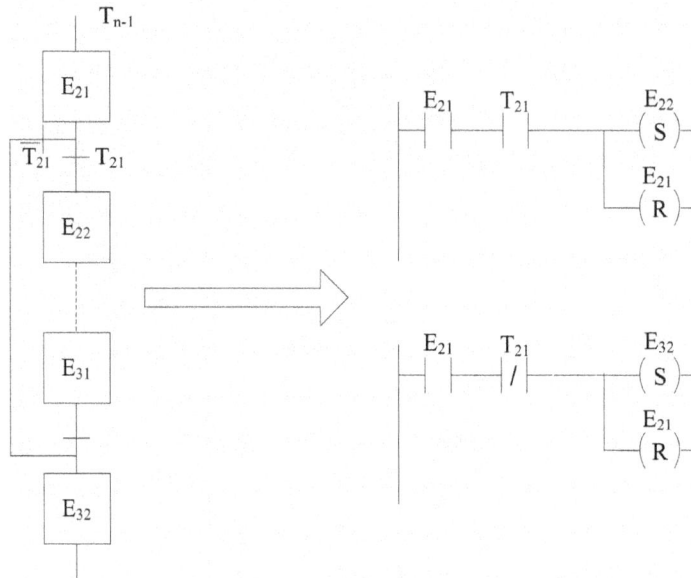

Fig. 6.22 Salto condicional a otra etapa

A continuación, y como aplicación de los conceptos expuestos en este capítulo, se exponen unos ejercicios con sus correspondientes soluciones, tanto en GRAFCET como en Ladder (este último, a partir de su correspondiente GRAFCET). Cabe indicar que la resolución del correspondiente circuito Ladder resulta ser siempre más extensa que si el circuito se lleva a cabo como se ha indicado en el capítulo 5. Para facilitar la comprensión, en vez de utilizar las variables de entrada y salida del autómata se utilizan las propias del proceso.

6.6.1 Ejemplo de aplicación: llenado semiautomático de bidones

Un sistema permite adicionar cantidades en peso de líquidos a bidones situados sobre una plataforma provista de una célula de carga que determina su peso, como se muestra en la figura 6.23. Los bidones llegan mediante una cinta transportadora, que se detiene cuando DA detecta un bidón, posición que permite su llenado, donde un colector se sitúa manualmente en su orificio de entrada; una vez situado en este punto, un temporizador de 1 segundo permite el inicio del ciclo de llenado: se destara su peso y dos válvulas se abren para permitir llenar el bidón; la válvula V_1 permite un caudal muy superior al de la V_2 y, al detectar el 95% del peso deseado (PA), se cierra la válvula V_1, con lo que la V_2 permite una aproximación muy fina al peso mencionado (PB). A continuación, la cinta transportadora se pone en marcha y conduce el bidón hasta otra cinta que lo traslada al almacén de expedición.

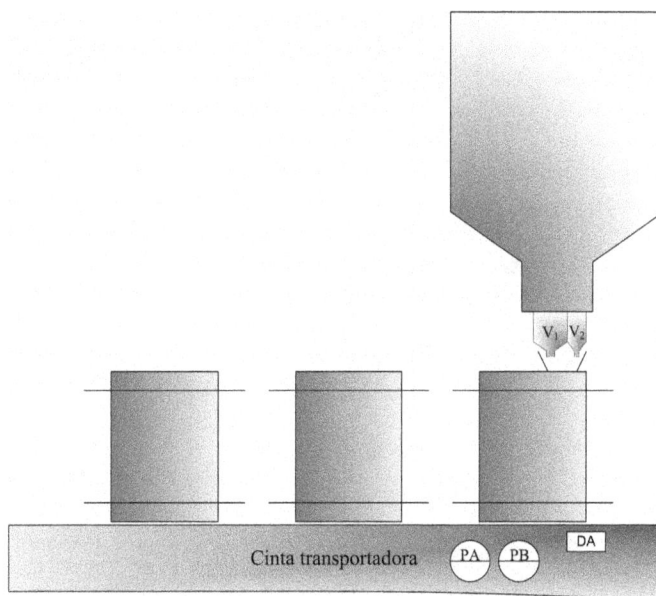

Fig. 6.23 Sistema de pesado para el llenado de bidones

Una primera solución consiste en realizar el ciclo continuo del proceso mediante un interruptor que memoriza la marcha y el paro del sistema. El GRAFCET corresponde al desarrollo en ciclo único (fig. 6.24). La nomenclatura empleada es la siguiente:

- I: interruptor de puesta en marcha del proceso
- DA: detector de bidones
- $\alpha+$: avance de la cinta transportadora
- $\alpha-$: paro de la cinta transportadora
- $V_1 +$: apertura de la válvula V_1
- $V_1 -$: cierre de la válvula V_1
- $V_2 +$: apertura de la válvula V_2
- $V_2 -$: cierre de la válvula V_2

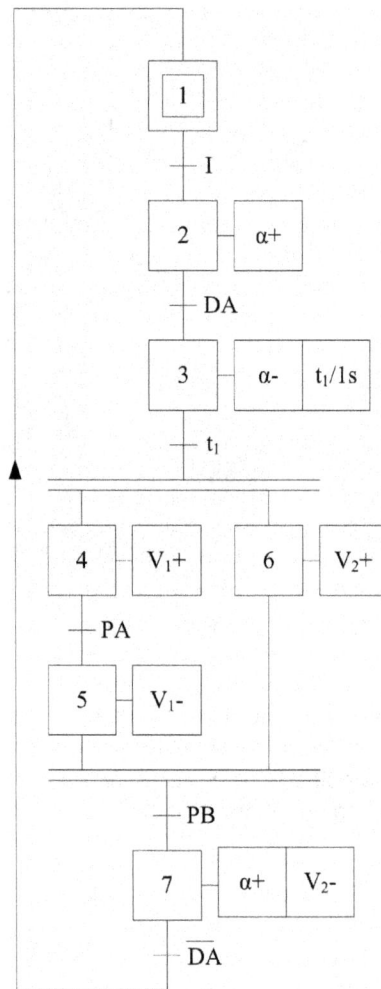

Fig. 6.24 GRAFCET de ciclo único correspondiente al sistema de llenado de bidones

A partir del GRAFCET, se construye el correspondiente diagrama Ladder, que se muestra en la figura 6.25.

```
  M2   M3   M4   M5   M6   M7      M1                    1
 ─┤/├─┤/├─┤/├─┤/├─┤/├─┤/├──────(S)─                      ⇓

  M1    I                         M2        M2                              α+
 ─┤├──┤├────────────────────(S)─         ─┤├──────────────────────────────( )─
                                  M1
                              ───(R)─      M7
                                         ─┤├─
  M2   DA                         M3
 ─┤├──┤├────────────────────(S)─         M3                              α-
                                  M2     ─┤├───────────────────────────────( )─
                              ───(R)─
                                                        ┌─────────────┐
  M3   M11                        M4                    │    TON      │    M11
 ─┤├──┤├────────────────────(S)─                        │  IN      Q  │───( )─
                                  M6                    │             │
                              ───(S)─                   │             │
                                  M3           t=1 ─────│ PT      ET  │─
                              ───(R)─                   └─────────────┘
                                           M4                              V1+
  M4   PA                         M5      ─┤├───────────────────────────────( )─
 ─┤├──┤├────────────────────(S)─
                                  M4       M5                              V1-
                              ───(R)─     ─┤├───────────────────────────────( )─

  M5   M6   PB                    M7       M6                              V2+
 ─┤├──┤├──┤├─────────────────(S)─         ─┤├───────────────────────────────( )─
                                  M5
                              ───(R)─      M7                              V2-
                                  M6      ─┤├───────────────────────────────( )─
                              ───(R)─

  M7   DA                         M1
 ─┤├──┤/├────────────────────(S)─
                                  M7
                              ───(R)─

           ⇓
           1
```

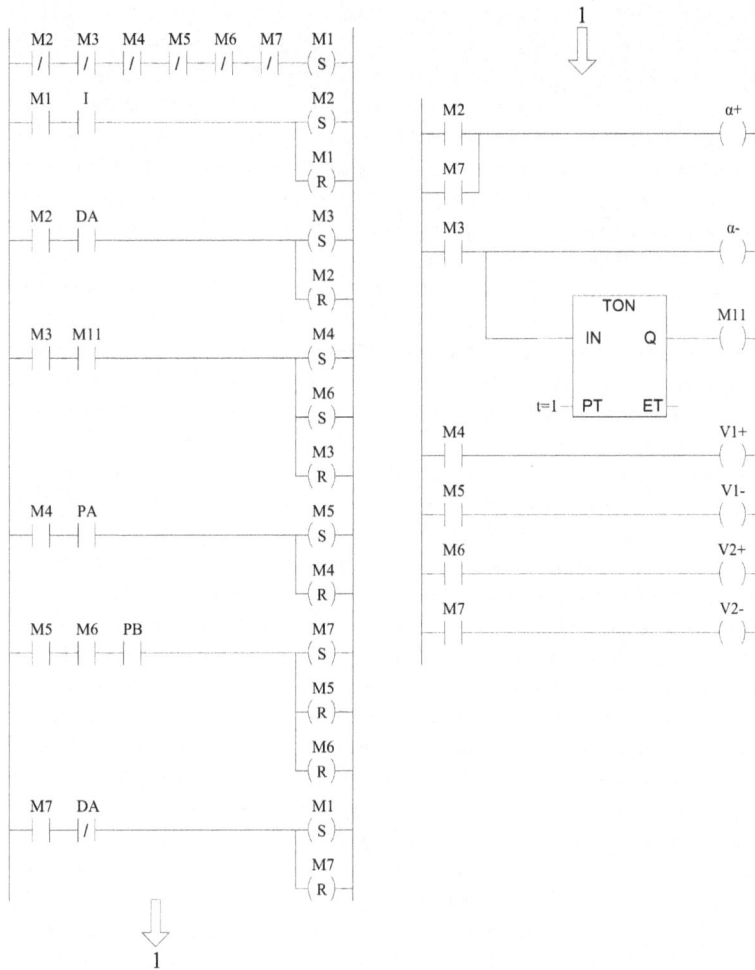

Fig. 6.25 Diagrama Ladder correspondiente al sistema de llenado de bidones

Si en el ejemplo anterior, se sustituye el interruptor I por dos pulsadores de marcha y paro (S_1 y S_2), para conseguir el ciclo continuo se necesita un GRAFCET adicional que memorice el estado de marcha o paro del proceso (fig. 6.26), que será tenido en cuenta solamente al inicio de cada nuevo ciclo.

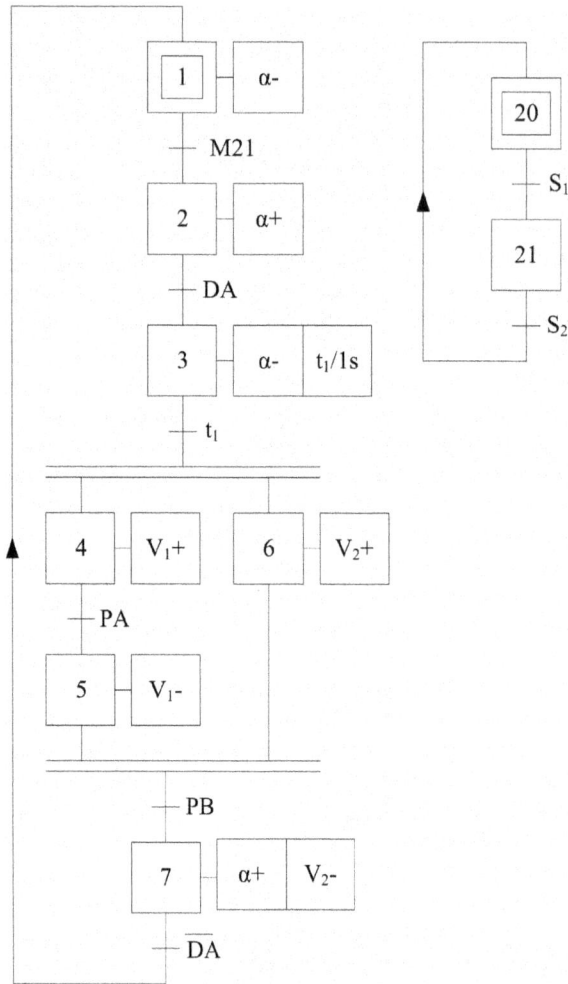

Fig. 6.26 GRAFCET de ciclo continuo, con pulsadores, correspondiente al sistema de llenado de bidones

A partir de este GRAFCET, se obtiene el diagrama Ladder que se representa en la figura 6.27.

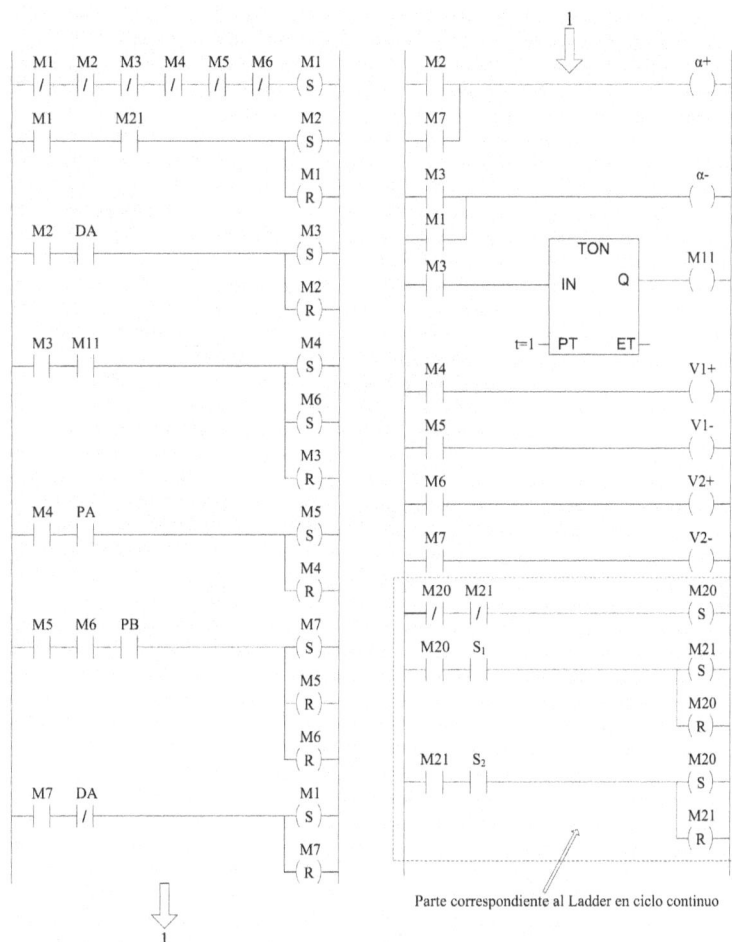

Fig. 6.27 Diagrama Ladder de ciclo continuo, con pulsadores, correspondiente al sistema de llenado de bidones

6.6.2 Ejemplo de aplicación: automatización de una depuradora

Volviendo al ejemplo de aplicación 5.5.1 sobre la automatización de una depuradora, visto en el capítulo anterior, ahora se presenta su resolución mediante GRAFCET y su posterior diagrama Ladder a partir de las reglas de traslación descritas anteriormente. La nomenclatura empleada es la misma que la del ejercicio 5.5.1.

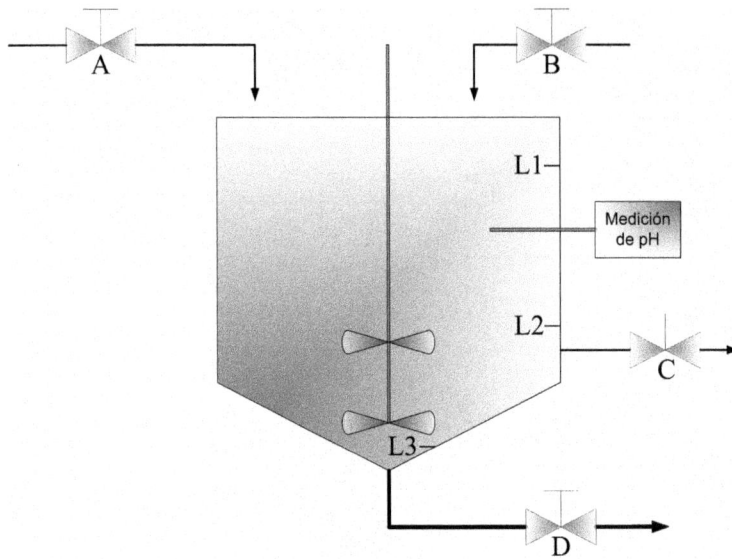

Fig. 6.28 Esquema de una depuradora de funcionamiento discontinuo

Medición
de pH

A

B

L1

L2

C

L3

D

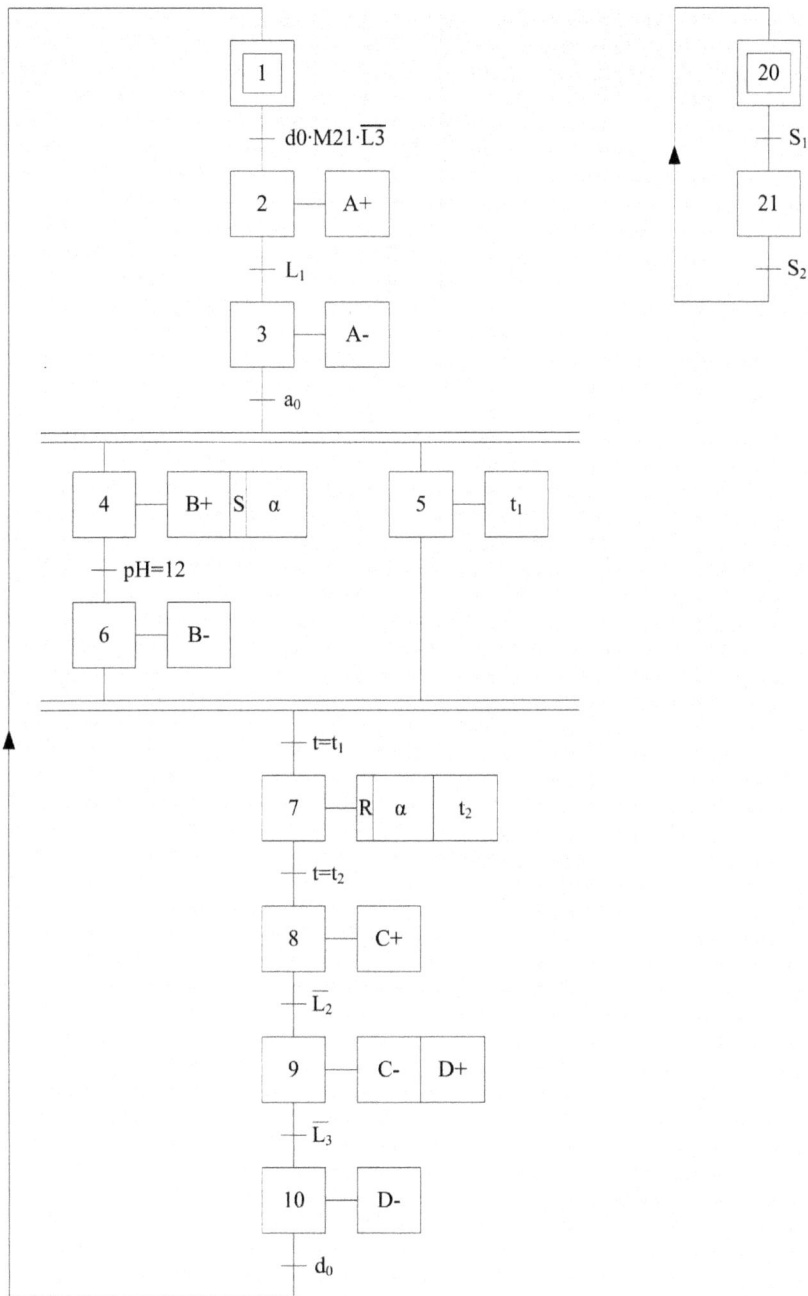

Fig. 6.29 GRAFCET de ciclo único correspondiente a la depuradora de funcionamiento discontinuo

A continuación, se desarrolla en la figura 6.30 el diagrama Ladder a partir del GRAFCET indicado anteriormente.

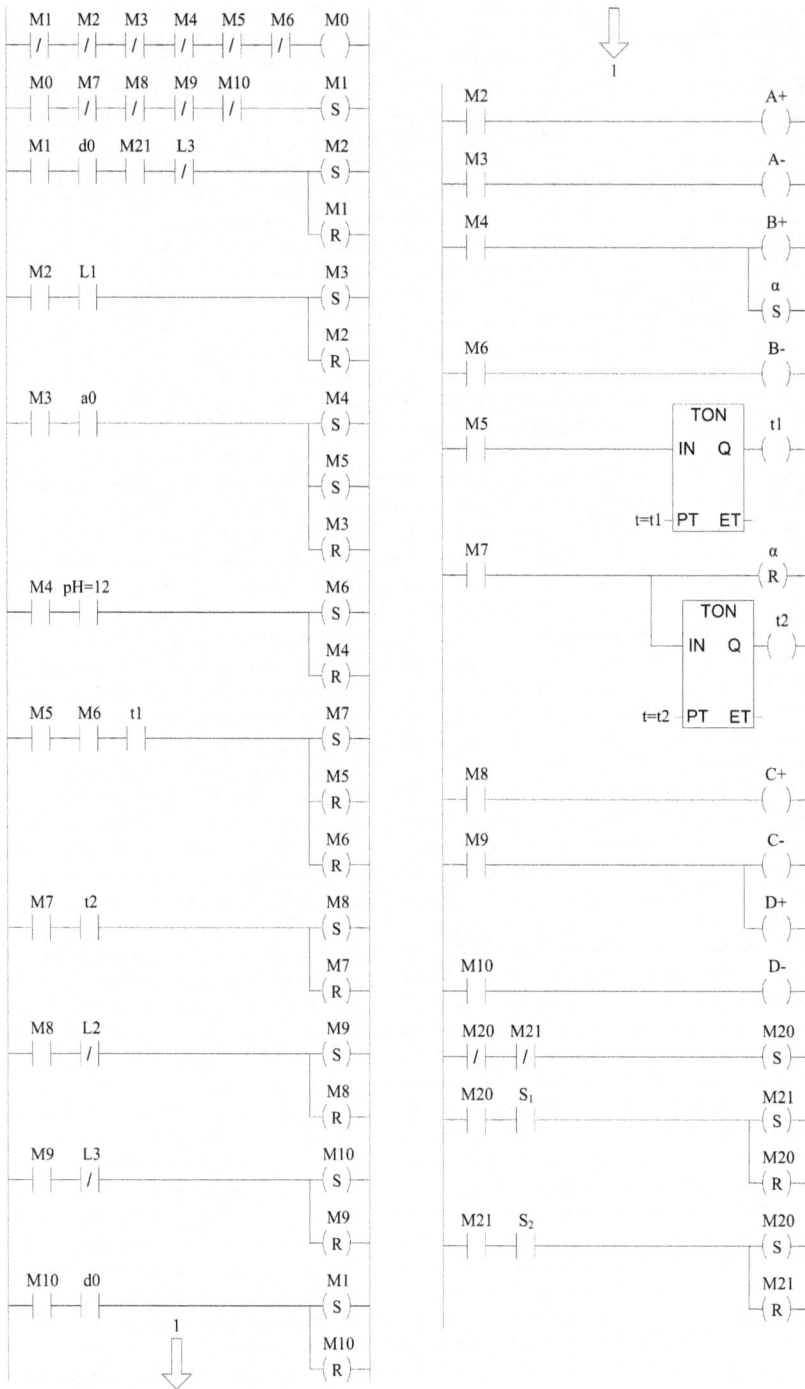

Fig. 6.30 Diagrama Ladder de ciclo continuo correspondiente a la depuradora de funcionamiento discontinuo

En este capítulo, se ha mostrado cómo el GRAFCET es una herramienta que permite describir de manera sencilla el comportamiento de un sistema automatizado, incluso para no expertos en automatización industrial. Las reglas de transformación del GRAFCET en Ladder permiten a cualquier usuario, con unos mínimos conocimientos de programación de PLC, obtener el diseño de sus propios automatismos, lo que muestra la potencia de este sistema.

En los capítulos siguientes, tomando el GRAFCET como herramienta básica para el diseño de automatismos basados en PLC, se profundiza en los conocimientos de programación, introduciendo las instrucciones avanzadas del autómata, que permiten realizar cálculos y operaciones aritméticas, así como el estudio de sistemas de automatización en tiempo continuo.

instrucciones avanzadas de programación
funciones estándar

En el capítulo 5, se ha presentado una visión general de los elementos a los que hace referencia la norma IEC61131-3, que se encarga de la normalización de los lenguajes de programación de los PLC: los tipos de datos, la sintaxis de los diferentes lenguajes de programación o la estructura de dichos programas. Pero la mencionada norma, con la finalidad de unificar la manera como los diferentes fabricantes implementan el lenguaje para sus distintas gamas de autómata, también define los denominados *bloques de función*, que tienen como misión controlar la información del estado de los procesos, como pueden ser los temporizadores, los contadores, los biestables o los detectores de flanco, desarrollados también en el capítulo 5.

La norma también define las denominadas *funciones estándar*, encargadas de realizar las operaciones complejas con datos, como pueden ser las de transferencia de memoria, conversión de código, aritméticas, etc.

Con la finalidad de estructurar las diferentes funciones, la norma IEC 61131-3 divide las funciones estándar en diferentes grupos, dependiendo de la utilidad y funcionalidad dentro del programa.

Agrupación de las funciones estándar:
- Funciones de conversión de código
- Funciones aritméticas
- Funciones numéricas
- Funciones de cadenas de bits: desplazamiento, rotación y lógicas
- Funciones de selección y comparación
- Funciones de cadenas de caracteres
- Funciones para tipos de datos de tiempo
- Funciones para tipos de datos enumerados

En los siguientes apartados, se realiza una breve descripción de la sintaxis y funcionalidad de las instrucciones estándar que se utilizan más habitualmente en la creación y solución de problemas de automatización; así como algún ejemplo que permita su implementación y uso en diferentes aplicaciones de programación dentro de la industria química.

7.1 Funciones estándar

Las funciones estándar definen el conjunto de operaciones que es capaz de realizar el PLC; la norma IEC-61131 define varias formas de poder introducir dichas funciones en el programa, dependiendo del lenguaje de programación con el que se esté trabajando. Con relación al usuario que trabaja en lenguaje Ladder, la manera más fácil de introducir dichas funciones es mediante instrucciones de bloque, que dispondrán de la sintaxis siguiente (fig. 7.1):

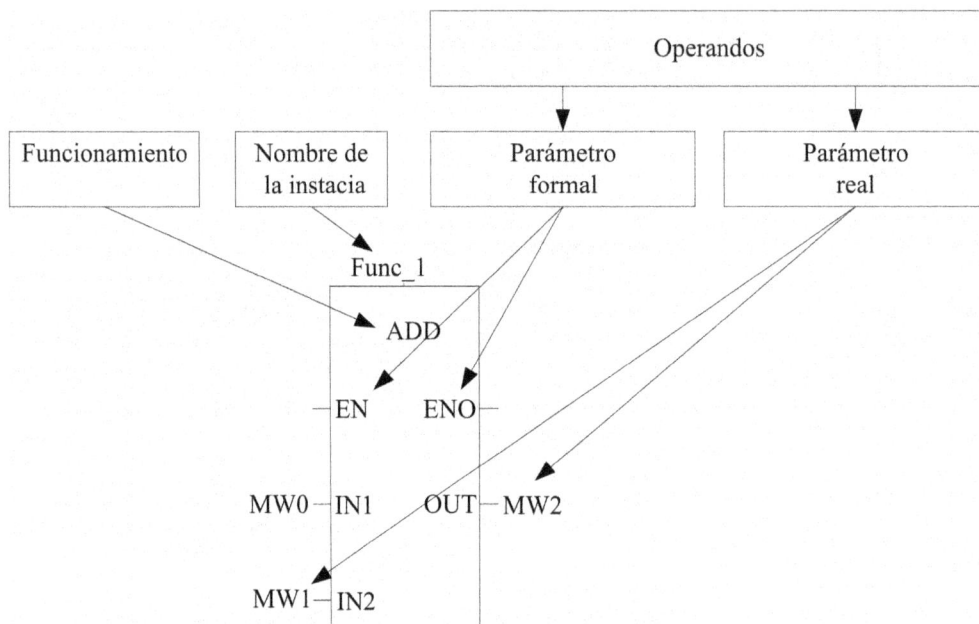

Fig. 7.1 Sintaxis de las funciones estándar

El bloque, en su parte superior, está formado por el *nombre de la instancia*, que es el nombre que se asigna al bloque para poder ser llamado desde otro punto del programa; el nombre de *funcionamiento* indica la operación que realiza el bloque. Dentro del bloque de función se asignan los *parámetros formales*, que es la manera de denominar cada uno de los parámetros, a la izquierda los de entrada y a la derecha los de salida.

Finalmente, y en el exterior, se relacionan los parámetros formales con los *parámetros reales* que o bien son variables del proceso o bien van directamente asignadas al flujo del programa.

Habitualmente, las funciones presentan una entrada denominada *EN*, que es la entrada que habilita la función para ejecutarse, y una salida denominada *ENO*, que se activa una vez se ha ejecutado la función.

En el ejemplo de la figura 7.2, se tiene la función denominada *ADD_INT*, que realiza la suma de dos números enteros, a la cual se le ha asignado el *nombre de instancia* 2. Cuando se activa la variable M1, se ejecuta la función realizando la suma aritmética del contenido de MW0 y MW1, y se almacena el resultado en MW2. Una vez ejecutada la instrucción, activa la salida ENO y, por tanto, la bobina M3.

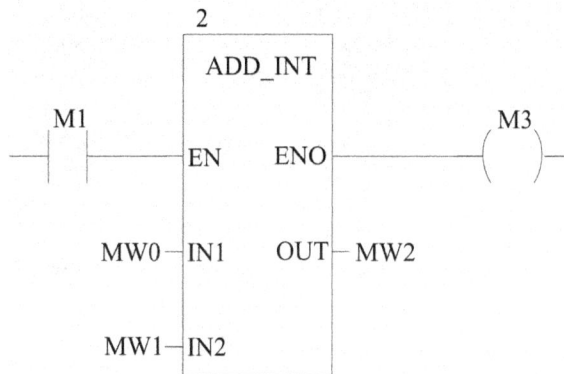

Fig. 7.2 Ejemplo de la función ADD_INT

7.1.1 Funciones de transferencia

Las funciones de transferencia permiten el movimiento de variables y de zonas de memoria contiguas desde un área a otra del PLC, lo que permite realizar un tratamiento masivo de los datos que facilita en muchas ocasiones la resolución de sistemas automatizados.

La mayoría de los PLC disponen de la función MOVE, junto con posibles derivados de ésta, con la sintaxis que se muestra en la tabla 7.1.

Sintaxis	Función	Descripción
	MOVE	Transfiere y copia los datos de la posición de memoria origen (IN) a la posición de memoria destino (OUT).

Tabla 7.1 Sintaxis y descripción de la función MOVE

La variable presente en la entrada se copia en la variable de salida, tal como muestra el siguiente ejemplo (fig. 7.3), donde el contenido del registro de 16 bits MW1 es copiado en el registro de 16 bits MW2.

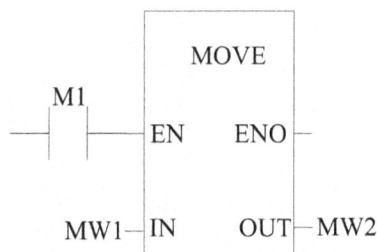

Fig. 7.3 Ejemplo de la función MOVE

La instrucción MOVE permite transferir tanto un conjunto de entradas a un registro o conjunto de registros, como actualizar un conjunto de salidas con una única instrucción a partir de un registro o conjunto de registros. Es importante que en este caso coincidan los tamaños tanto de la variable origen como la de destino; en caso contrario, si el tamaño de la variable de entrada es menor que el de la salida, ésta se almacena a partir de los bits menos significativos de la variable destino y el resto de bits no se modifica. En caso de que la variable de origen tenga un tamaño mayor que la de destino, los bits de mayor peso que no puedan ser copiados se pierden. En la figura 7.4, se puede ver cómo las entradas $I1, I2, I3$ e $I4$ ($I1:4$) se copian en los cuatro bits menos significativos del registro $MW1$($b0, b1, b2$ y $b3$), mientras que el contenido restante queda inalterado.

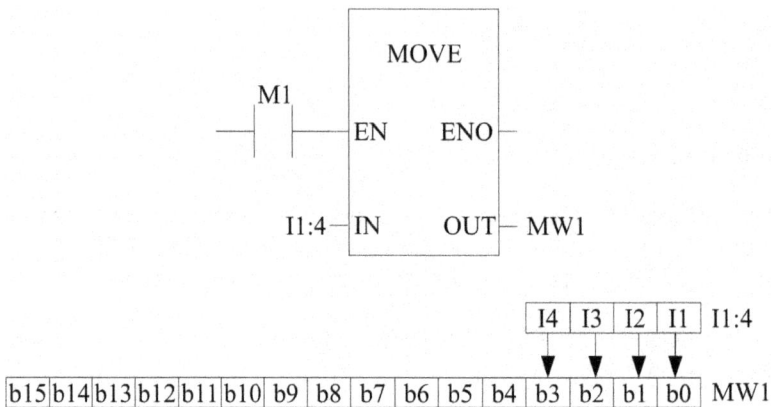

Fig. 7.4 Copia de cuatro entradas a un registro

En la figura 7.5, puede observarse el caso contrario: el registro de 16 bits $MW1$ es llevado a ocho salidas del PLC; al no coincidir en tamaño, solamente se desplazarán los ocho bits menos significativos.

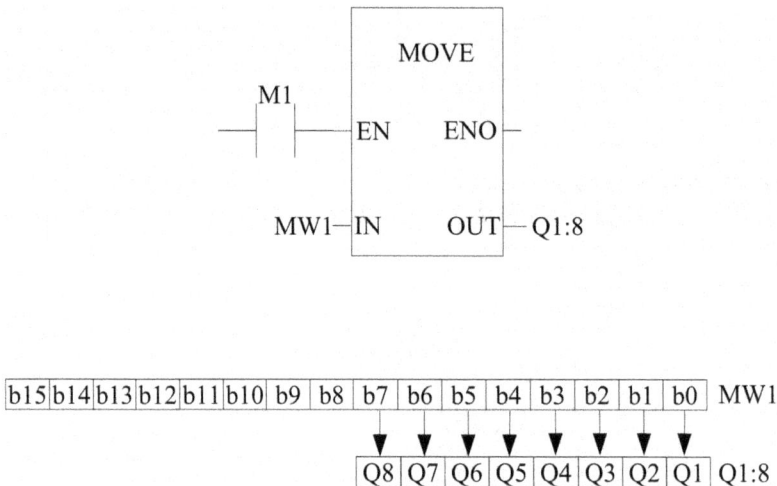

Fig. 7.5 Copia del contenido de un registro en ocho salidas

7.1.2 Funciones aritméticas

Las funciones aritméticas permiten realizar operaciones matemáticas entre operadores del mismo tipo. Es importante que el tipo de variable de entrada coincida con el de salida; así, generalmente se encuentra repetida cada instrucción aritmética en los PLC para cada uno de los tipos de datos con los que es capaz de trabajar el mismo (SHORT, INT, FLOAT...). Algunos PLC realizan esta función de manera implícita, sin necesidad de explicitar el tipo de dato, adaptando si es necesario cada una de las variables al tipo óptimo para poder operar con ellas, proceso que se denomina *sobrecarga de funciones*. En la tabla 7.2, se puede observar la estructura típica de las funciones aritméticas. En el símbolo de la sintaxis, se debe sustituir la etiqueta FUNC_TYPE por el nombre de la instrucción aritmética y el tipo de dato con el que se va a operar.

Sintaxis	Función₁	Descripción
FUNC_TYPE —EN ENO— —IN1 OUT— —IN2	ADD_*TYPE*	Realiza la suma de las variables asociadas a las entradas IN1 e IN2 y el resultado se almacena en la variable asociada a OUT.
	SUB_*TYPE*	Realiza la resta de las variables asociadas a las entradas IN1 e IN2 (IN1-IN2) y el resultado se almacena en la variable asociada a OUT.
	MUL_*TYPE*	Realiza la multiplicación de las variables asociadas a las entradas IN1 e IN2 y el resultado se almacena en la variable asociada a OUT.
	DIV_*TYPE*	Realiza la división de las variables asociadas a las entradas IN1 e IN2 (IN1/IN2) y el resultado se almacena en la variable asociada a OUT. Si la división es entre enteros, en OUT se almacena solamente la parte entera de la división.
	MOD_*TYPE*	Realiza la operación resto de las variables asociadas a las entradas IN1 e IN2 y el resultado, que corresponde al resto de una división entre enteros, se almacena en la variable asociada a OUT

(1)   TYPE se ha de sustituir por cada uno de los tipos de datos con los que puede operar un PLC (INT,DINT, FLOAT ...)

Tabla 7.2 Sintaxis y descripción de las funciones aritméticas

En la figura 7.6, se puede observar la aplicación de esta instrucción con diferentes tipos de variables. Al activarse M1, la instrucción realiza la lectura de las 8 primeras entradas (I1 a I8); por tanto, al ser una función con enteros, la trata como un valor decimal entre 0 y 255; este valor se suma al contenido en decimal del registro MW1 y el resultado se almacena en MW2. Una vez realizada la operación, activa la salida ENO y procede a la siguiente operación, que consiste en la multiplicación del resultado anterior (MW2) con el valor decimal 12, el resultado de la cual se almacena en MW3. Una vez realizadas las dos operaciones, se activa la marca M2.

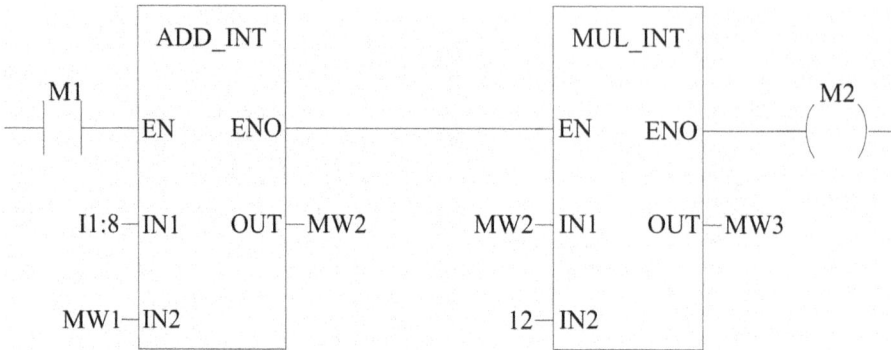

Fig. 7.6 Ejemplo de aplicación de las instrucciones aritméticas

7.1.3 Funciones de tratamiento de bits

Las funciones de tratamiento de bits con variables permiten realizar las funciones lógicas AND, OR y XOR (OR exclusiva) bit a bit entre dos parámetros de entrada del mismo tamaño de bits asignados a la función, y almacenar el resultado en otra diferente. En las figuras 7.3 y 7.4, se señalan la sintaxis y la descripción de cada una de ellas.

Sintaxis	Función	Descripción
FUNCIÓN EN ENO IN1 OUT IN2	AND	Función Y, bit a bit entre dos variables asociadas a IN1 e IN2, y el resultado se almacena en la variable asociada a OUT.
	OR	Función OR, bit a bit entre dos variables asociadas a IN1 e IN2, y el resultado se almacena en la variable asociada a OUT.
	XOR	Función XOR, bit a bit entre dos variables asociadas a IN1 e IN2, y el resultado se almacena en la variable asociada a OUT, siendo el estado de sus bits igual a 1 para aquellas posiciones en las que únicamente uno solo de los dos bits es igual a 1.

Tabla 7.3 Sintaxis y descripción de las funciones de tratamiento de bits

La función NOT, al disponer de una única variable de entrada, modifica la sintaxis respecto al resto de funciones lógicas, tal como se observa en la tabla 7.4.

Sintaxis	Función	Descripción
NOT EN ENO IN OUT	NOT	Realiza la inversión bit a bit del contenido de la variable de entrada IN y almacena el resultado en la variable asociada a OUT.

Tabla 7.4 Sintaxis y descripción de la función NOT

En la figura 7.7, se expone un ejemplo de aplicación de este tipo de instrucciones; al activarse la marca M1, se realiza la función AND entre el contenido del registro MW1 y el valor decimal 1236 en binario, el resultado se almacena en MW2 y, una vez almacenado a través de la salida ENO de la primera instrucción, realiza la función NOT, y el resultado se almacena en MW3. Una vez las dos operaciones han sido ejecutadas, se activa la variable M2.

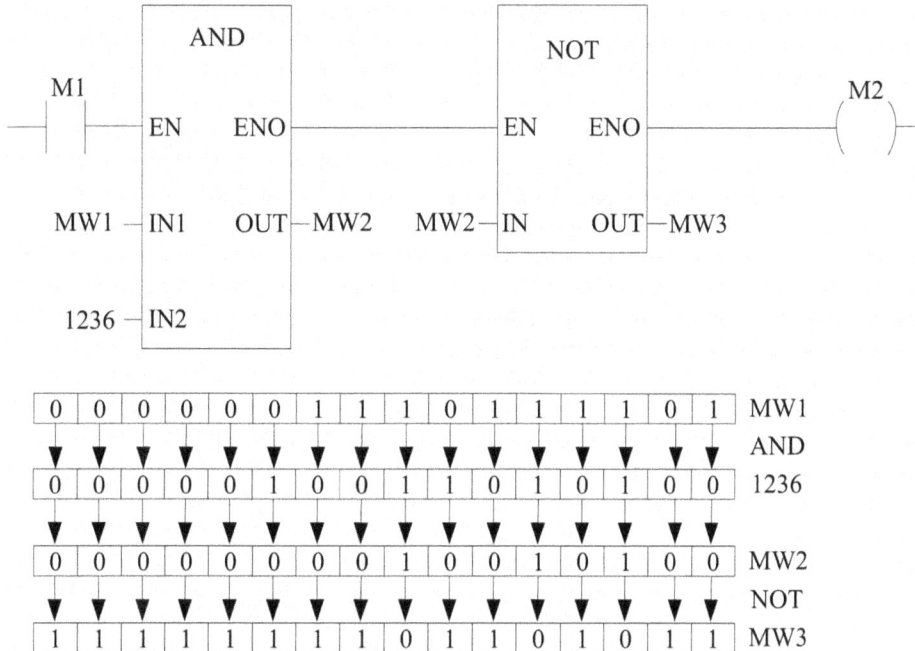

0	0	0	0	0	0	1	1	1	0	1	1	1	1	0	1	MW1
0	0	0	0	0	1	0	0	1	1	0	1	0	1	0	0	1236
0	0	0	0	0	0	0	0	1	0	0	1	0	1	0	0	MW2
1	1	1	1	1	1	1	1	0	1	1	0	1	0	1	1	MW3

Fig. 7.7 Ejemplo de aplicación de las instrucciones de tratamiento de bits

7.1.4 Instrucciones de desplazamiento y rotación

Las instrucciones de rotación permiten manipular y desplazar el contenido binario de un registro o conjunto de registros un número determinado de bits hacia la izquierda o hacia la derecha. Dentro de este grupo, existen las instrucciones de desplazamiento a derecha e izquierda donde el contenido de los bits desplazados, y que van más allá del rango de memoria reservada, se pierden, y los de rotación permiten la reintroducción de los bits que se desplazan. En la tabla 7.5, se describen el conjunto de instrucciones de este tipo.

Sintaxis	Función	Descripción
FUNCIÓN EN ENO IN OUT N	SHL	Desplaza n bits a la izquierda el contenido de la variable de entrada y rellena los bits desplazados con 0.
	SHR	Desplaza n bits a la derecha el contenido de la variable de entrada y rellena los bits desplazados con 0.
	ROL	Rotación de n bits a la izquierda y reintroducción de los desplazados por la derecha.
	ROR	Rotación de n bits a la derecha y reintroducción de los desplazados por la izquierda.

Tabla 7.5 Sintaxis y descripción de las funciones de desplazamiento y rotación

Un ejemplo de aplicación de las instrucciones de desplazamiento puede observarse en la figura 7.8. Se distingue el funcionamiento de la instrucción de desplazamiento a la derecha (SHR) y a la izquierda (SHL), en ambos casos de 4 posiciones, y cómo los huecos que se generan a izquierda en el primer caso y a la derecha en el segundo se van rellenando con 0.

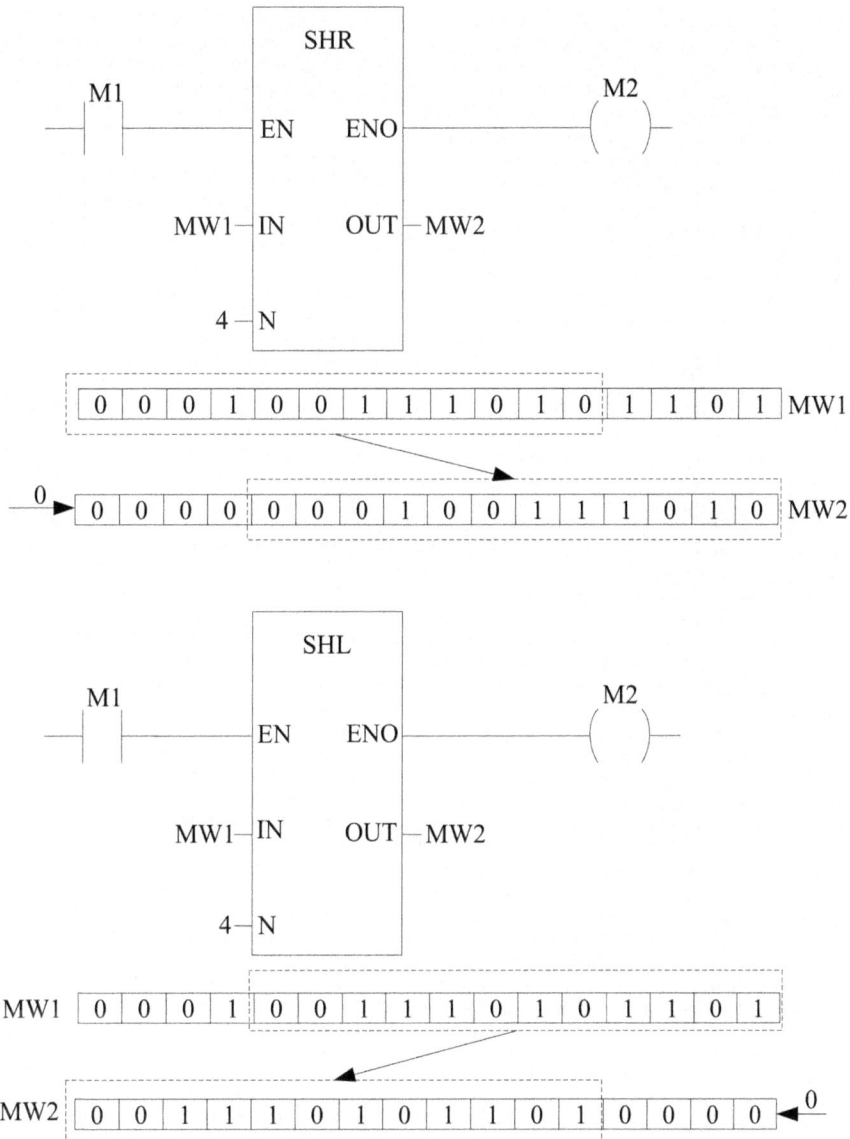

Fig. 7.8 Ejemplo de aplicación de las instrucciones SHR y SHL

En la figura 7.9, se ven las mismas instrucciones, pero en este caso con las rotaciones a derecha (ROR) e izquierda (ROL). Se puede observar que en este caso, en lugar de rellenarse con 0 los huecos que van quedando al desplazarse la información, se rellenan con los bits que van saliendo por el extremo contrario.

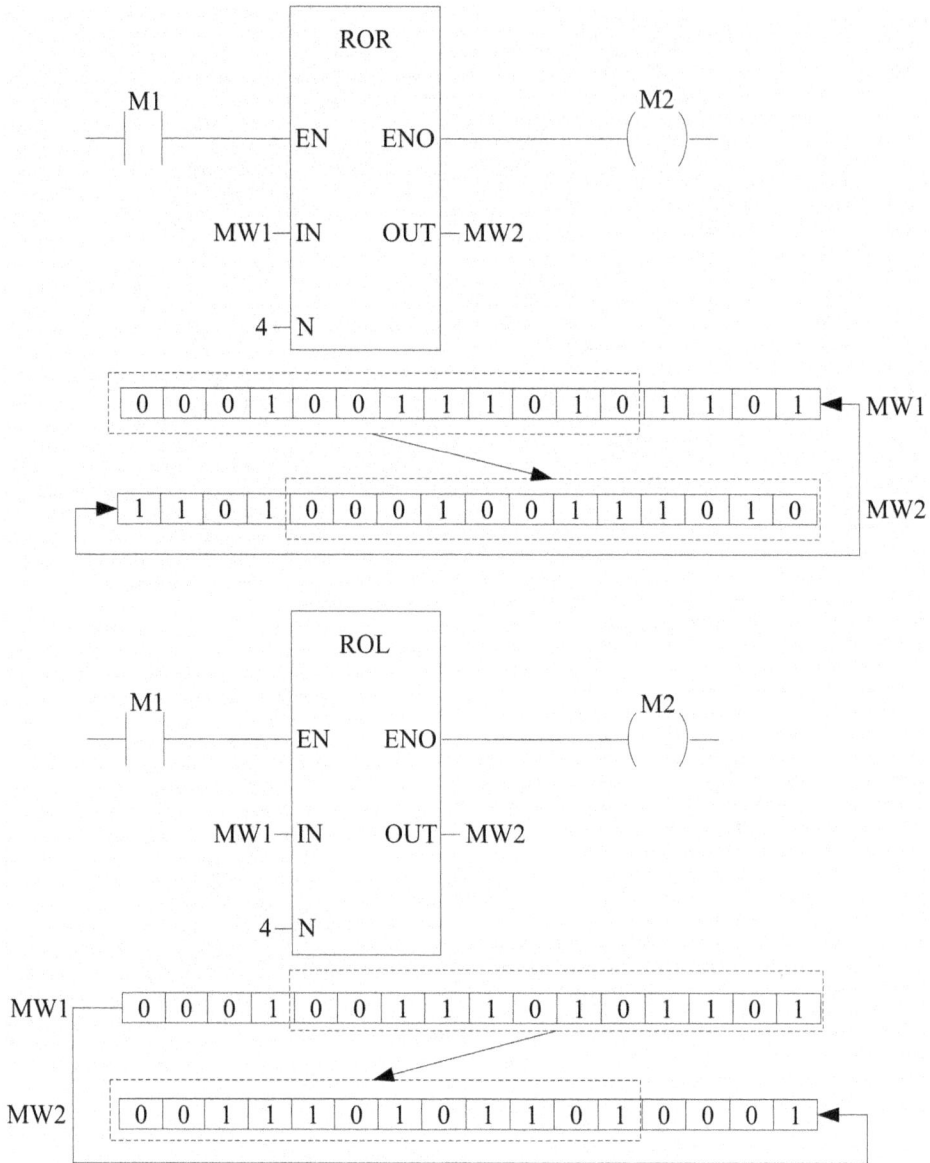

Fig. 7.9 Ejemplo de aplicación de las instrucciones ROR y ROL

7.1.5 Instrucciones de comparación

El conjunto de instrucciones de comparación permiten generar una señal booleana en función del resultado de la comparación entre dos variables numéricas que trabajan como entradas a la función. En la tabla 7.6, puede observarse el conjunto de instrucciones de comparación que se pueden encontrar en lenguaje Ladder en un PLC.

Sintaxis	Función	Descripción
	GT	La salida OUT del bloque se activa cuando IN1 es mayor que IN2.
FUNCION	GE	La salida OUT del bloque se activa cuando IN1 es mayor o igual que IN2.
EN ENO	LT	La salida OUT del bloque se activa cuando IN1 es menor que IN2.
	LE	La salida OUT del bloque se activa cuando IN1 es menor o igual que IN2.
IN1 OUT	EQ	La salida OUT del bloque se activa cuando IN1 es igual a IN2.
IN2	NE	La salida OUT del bloque se activa cuando IN1 es diferente a IN2.

Tabla 7.6 Sintaxis y descripción de las funciones de comparación

En el ejemplo de la figura 7.10, la línea de programa en Ladder realiza la comparación entre el valor decimal 24 y el contenido en decimal del registro MW0. Si el valor de MW0 es mayor que 24, la bobina M4 se activará; en caso contrario, la bobina continuará desactivada. M3 se activará cada vez que se ejecute la instrucción de comparación.

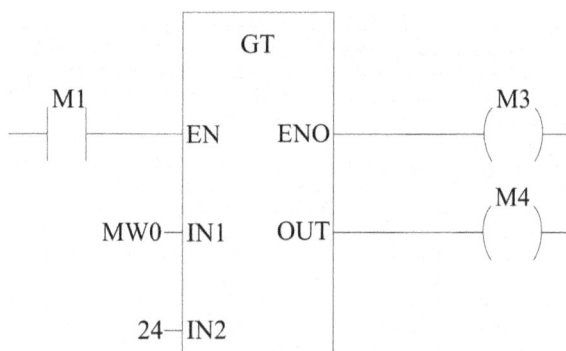

Fig. 7.10 Ejemplo de aplicación de la instrucción GT

7.1.6 Instrucciones de conversión de código

El PLC, como se ha visto a lo largo de este libro, puede trabajar con diferentes tipos de datos, tanto numéricos (INT, FLOAT, SHORT...) como códigos binarios en diferentes formatos (binario puro, código BCD, código GRAY). Muchas veces, para poder realizar operaciones con variables almacenadas en diferentes formatos, es necesario convertirlas, para que el conjunto de variables que maneja una función sea coherente (que todas sean del mismo tipo). Para poder realizar este cambio de formato, existen las funciones de conversión de código, que permiten pasar las variables entre los diferentes códigos que maneja el equipo.

Sintaxis	Función	Descripción
TYPE1_TO_TYPE2 — EN ENO— — IN OUT—	Conversión de variable de TYPE 1 a TYPE 2	La función, al activarse la entrada EN, realiza la lectura del dato asociado a su entrada IN, que es del tipo TYPE1, lo convierte y lo lleva a la salida con el formato TYPE2. TYPE1 y TYPE2 pueden ser, entre otras, ASCII, STRING, BCD, BYTE, WORD, INT REAL, TIME y sus derivados.

Tabla 7.7 Sintaxis y descripción de las funciones de conversión de código

En la figura 7.11, se presenta un ejemplo en que el contenido de las ocho primeras entradas del PLC corresponde a un código binario en BCD, con el valor 39. En este caso, el código BCD codifica cada uno de los dígitos del valor decimal con cuatro bits; al pasarlo a número entero, se ha de transformar en un binario puro para que se pueda operar con él, por lo que queda el valor 39 en binario, almacenado en MW1, tal como muestra la figura.

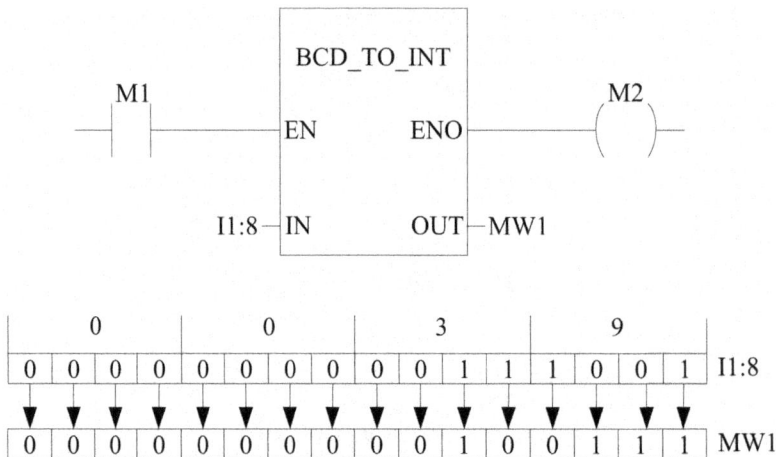

Fig. 7.11 Ejemplo de aplicación de la conversión de BCD a entero

7.2 Aplicación de las funciones estándar

Una vez desarrolladas las funciones estándar más habituales empleadas en la programación de automatismos químicos con PLC, la serie de ejemplos que se desarrollan en este apartado y en el siguiente capítulo permiten la aplicación práctica y el uso de dichas funciones con la finalidad de estudiar el ámbito de aplicación de este tipo de instrucciones. Se ha de remarcar que las funciones desarrolladas en esta obra son solamente una parte del conjunto de instrucciones de que puede disponer el PLC, donde también se pueden encontrar funciones de salto, llamadas a subrutinas, control de errores, control de ejes, comunicaciones, etc., que deberían ser objeto de un tratamiento más específico y profundo de programación general y, por tanto, escapan al objetivo del desarrollo del presente libro.

7.2.1 Ejercicio de aplicación: automatización de un sistema de envasado

En un almacén de reactivos para síntesis orgánica, se requieren cantidades diferentes de un determinado reactivo sólido almacenado en una tolva. Para preparar las distintas cargas del mencionado producto, se dispone de una válvula de mariposa, accionada mediante un cilindro de doble efecto controlado por una válvula 4/2, accionada por solenoide y muelle, de modo que al activarse la entrada I5, activada mediante un pulsador por el operario, expulse el cilindro mediante Q1 hasta la activación de la entrada I7, correspondiente al cilindro expulsado, y provoque la apertura de la tolva durante un tiempo, que depende de las necesidades de producción. El tiempo que permanecerá el cilindro expulsado lo indicarán las entradas I1 a I4 y será directamente proporcional al valor introducido entre 1 (tiempo mínimo de apertura) y 15 (tiempo máximo de apertura) codificado en binario por las entradas mencionadas, siendo el bit menos significativo I1 y el más significativo I4. Una vez transcurrido el tiempo de llenado, se desactiva la salida Q1 y se produce la recogida del cilindro, que es detectada por la entrada I6.

La solución propuesta se muestra en el programa en Ladder de la figura 7.12. En ella, se puede observar cómo se activa la variable M1 al producirse un flanco ascendente en el pulsador conectado a la entrada I5, siempre que la entrada correspondiente al cilindro recogido I6 esté activa (1). Con la variable M1 activa (2), se activa la salida Q1, correspondiente a la apertura del silo, y se copia el contenido de las cuatro primeras entradas al registro MW0, por lo que genera un código binario con valores en decimal que van de 0 a 15. La variable MW0 será utilizada para calcular el tiempo de apertura. Una vez la variable Q1 está activa (3), se realiza el cálculo del tiempo de apertura y se almacena en el registro $MW2:MW2 = K1 \cdot MW0 + 1$, donde K1 es una constante que determinará el rango de tiempo de apertura; por tanto, MW2 variará de 1, cuando MW0 sea igual a 0, a $K1 \cdot 15 + 1$, cuando MW0 sea igual a 15. Finalmente, se programa (4) en un temporizador a la conexión (TON) el valor de preselección (PT) MW2, activando la variable M2, que desactivará la salida Q1(5) cuando haya transcurrido el tiempo programado.

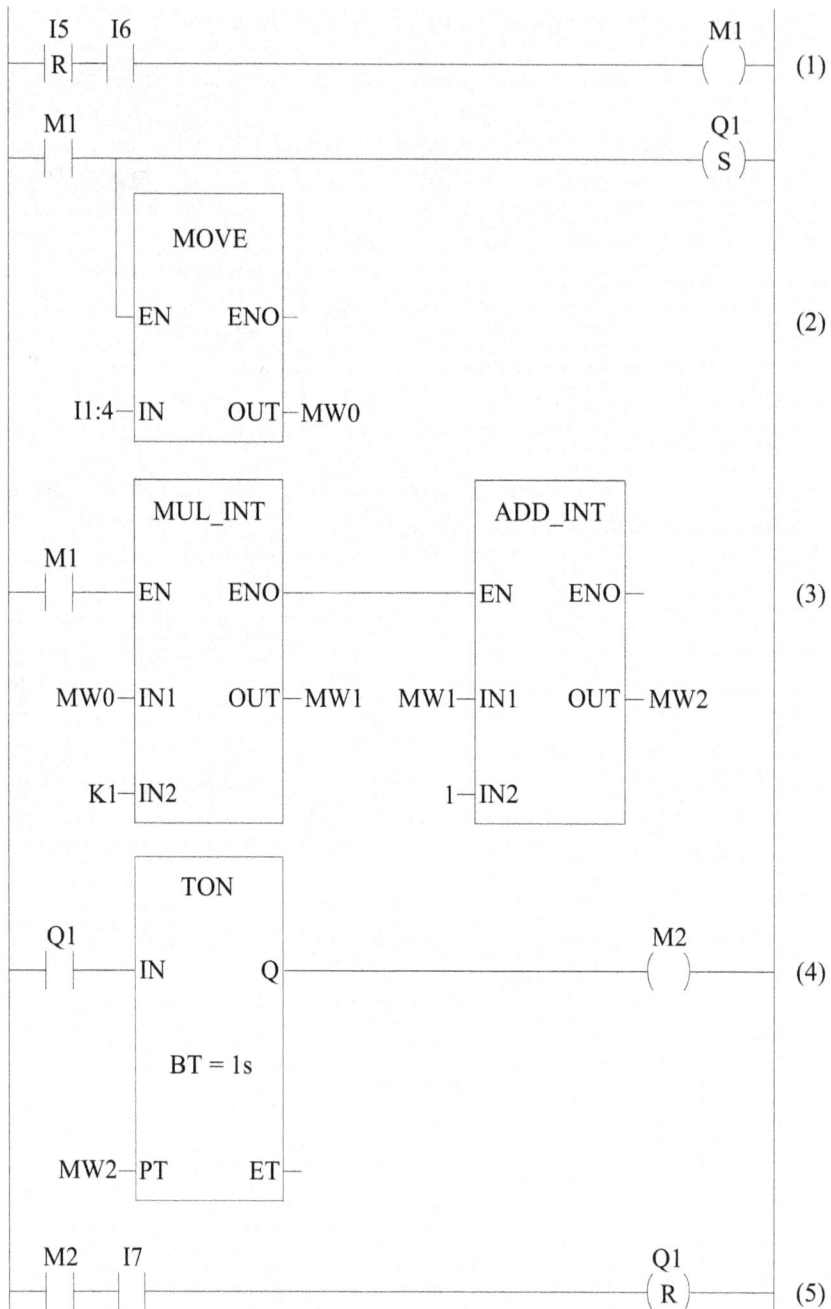

Fig. 7.12 Resolución del programa en lenguaje Ladder del sistema de envasado

7.2.2 Ejercicio de aplicación: sistema de mezclado de productos

Un sistema de mezcla, que se inicia mediante la orden del operario a través del pulsador conectado a I1, consiste en la adición continuada de los componentes de una disolución. Para conseguir la máxima solubilidad y evitar aumentos de temperatura, se procede de la siguiente manera. En primer lugar, se abre una válvula VA, que permite la entrada del disolvente al mezclador (Q1); a intervalos iguales de tiempo t1, se llevan a cabo las siguientes operaciones: se pone en marcha un agitador (Q2), seguidamente empieza la adición del primer aditivo (Q3) y finalmente se inicia la adición de otro aditivo (Q4); transcurrido un tiempo t2, se procede a cerrar las válvulas y parar el agitador al mismo tiempo, y el sistema se deja en reposo.

La figura 7.13 muestra el diagrama GRAFCET del ciclo de trabajo del proceso. Éste comienza en la etapa 0, inicializando el registro MW0 a 1, que servirá para actualizar las salidas que activan los diferentes elementos del proceso. A partir de la condición de transición I1, se pasa a la etapa 1, donde el contenido del registro MW0 se lleva a las cuatro primeras salidas del PLC, y en este primer caso se activa la salida Q1, correspondiente a la válvula VA. Al activarse Q1, M10 pasa a valer 1, lo que permite el paso a la etapa 2, donde se inicia la temporización t1, que permite el paso al siguiente estado del proceso. La etapa 3 realiza una operación aritmética: $MW0 = 2 \cdot MW0 + 1$, que actualiza el contenido del registro MW0 a partir del valor almacenado en él; así, a cada ciclo de ejecución del bucle, se le asignan los valores que se muestran en la tabla 7.8, y se observa cómo, cada vez que se activa la etapa 3, activa un bit más a la izquierda del contenido del registro. La misma operación se podría haber realizado mediante una instrucción SHL y seguidamente sumar 1.

Ciclo	Valor previo de MW0	Valor final MW0 en decimal	Valor final de MW0 en binario	Q4	Q3	Q2	Q1
1	1	3	0011	0	0	1	1
2	3	7	0111	0	1	1	1
3	7	15	1111	1	1	1	1

Tabla 7.8 Evolución de las salidas del proceso

La etapa 3, además, realiza la comparación de MW0 con 15 (valor binario 1111), para determinar si ha de volver a ejecutar nuevamente el bucle (M13 desactivado) activando la etapa M1, o continúa el proceso con las etapas siguientes (M13 activado). Una vez realizadas las dos instrucciones, se activa M12, que junto con el resultado de la comparación (M13) permitirá continuar el ciclo de trabajo en una dirección u otra. La etapa 4 activa las salidas del proceso e inicia una temporización t2, transcurrida la cual (M14) desactiva todas las variables del proceso y, realizada esta operación (M15), el sistema pasa a reposo.

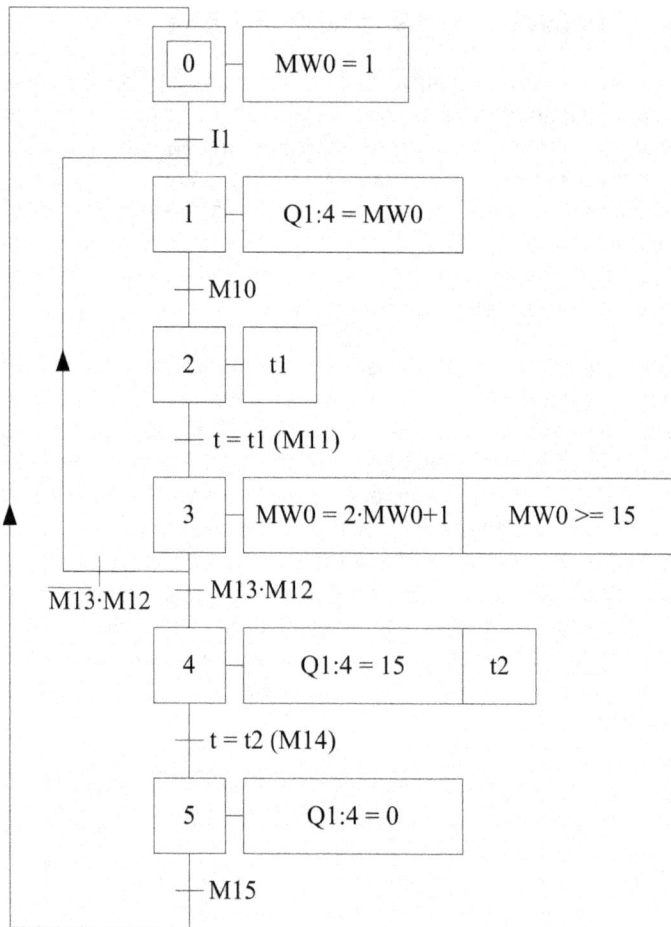

Fig. 7.13 Resolución del diagrama GRAFCET del sistema de mezclado

A partir de la solución encontrada y desarrollada en el GRAFCET indicado antes, se traslada éste a lenguaje Ladder mediante las reglas que se han desarrollado en el capítulo 6. En la figura 7.14 se puede observar cómo evoluciona el diagrama a través de cada una de las etapas y sus condiciones de transición, y en la figura 7.15 cómo se ejecutan las acciones de cada una de sus etapas.

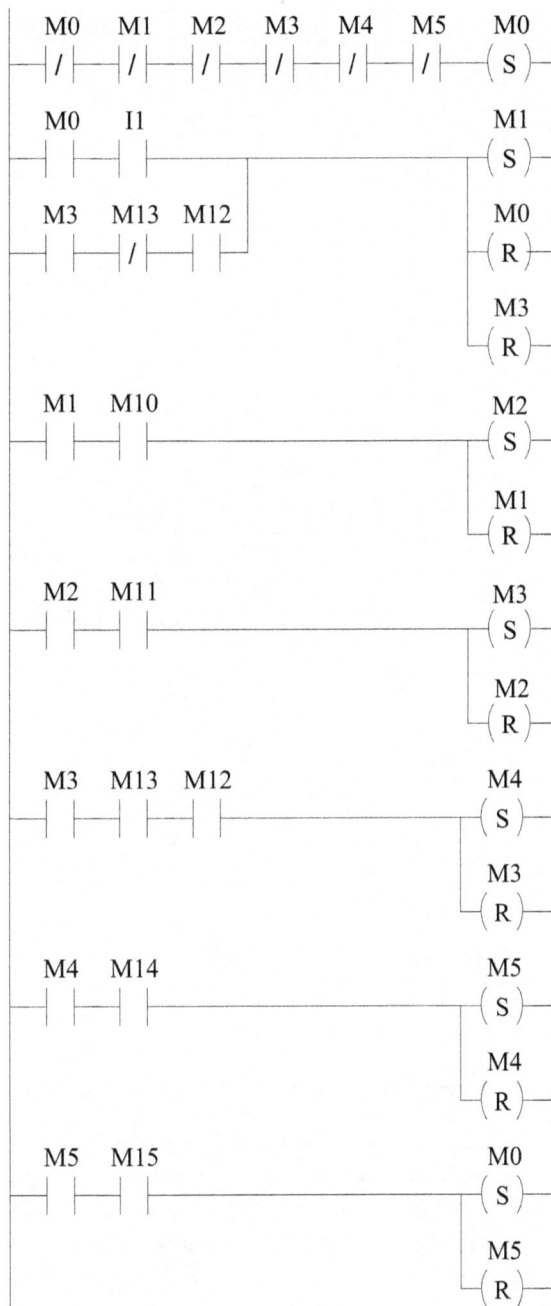

Fig. 7.14 Desarrollo de la evolución de las etapas del GRAFCET de la figura 7.13 en lenguaje Ladder

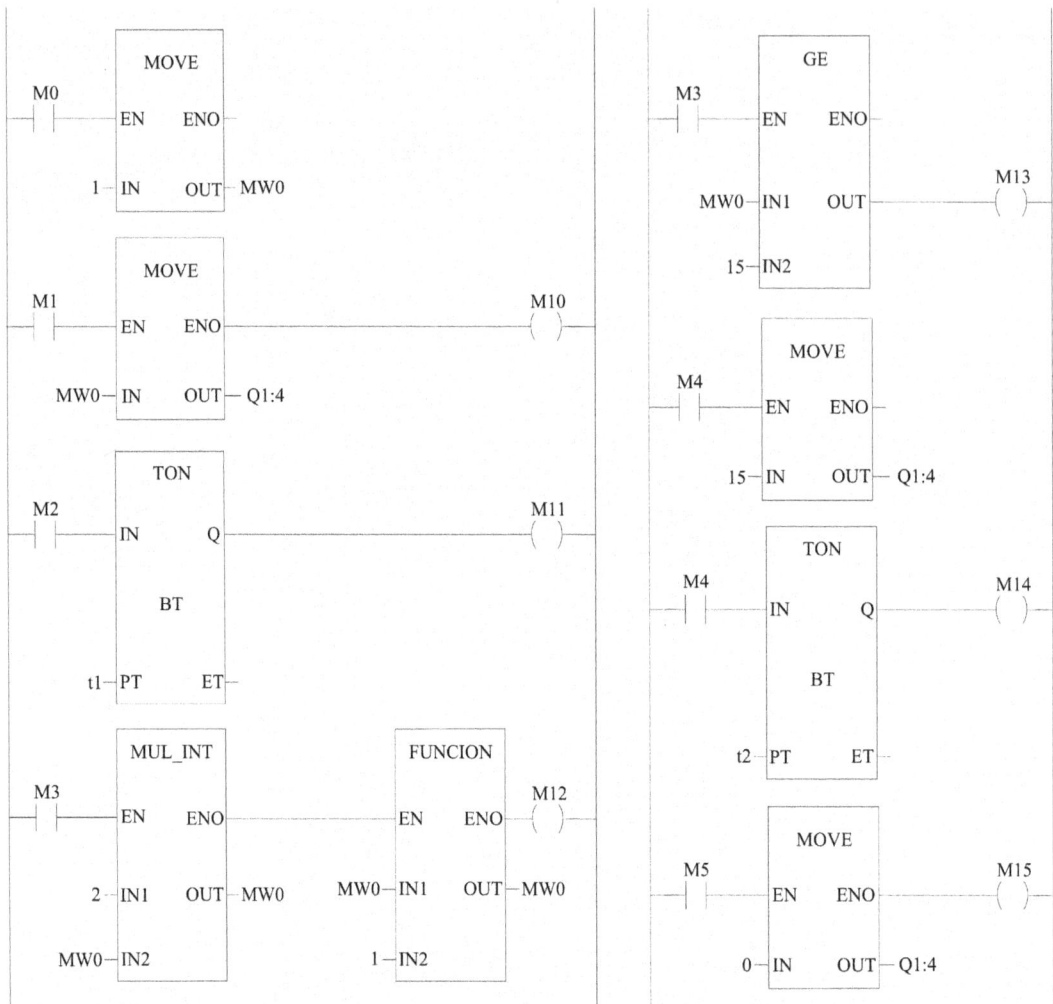

Fig. 7.15 Activación de las acciones del diagrama del GRAFCET de la figura 7.13 en lenguaje Ladder

7.2.3 Ejercicio de aplicación: carga de materias primas de un proceso de reacción exotérmica

Un proceso de fabricación exotérmico consiste en la carga de materias primas al reactor *batch*, su enfriamiento posterior, la adición de un disolvente y, finalmente, la descarga del producto obtenido siguiendo el cronograma de la figura 7.16, donde también se puede observar el estado de las salidas asignadas a cada uno de los elementos de trabajo. La duración de cada una de las operaciones ha sido determinada experimentalmente, y el paso de un estado a otro vendrá condicionado por este valor de tiempo. El proceso consiste en un ciclo continuo que se inicia al pulsar marcha (I1) y que se detiene al final de un ciclo de carga y descarga al pulsar paro (I2).

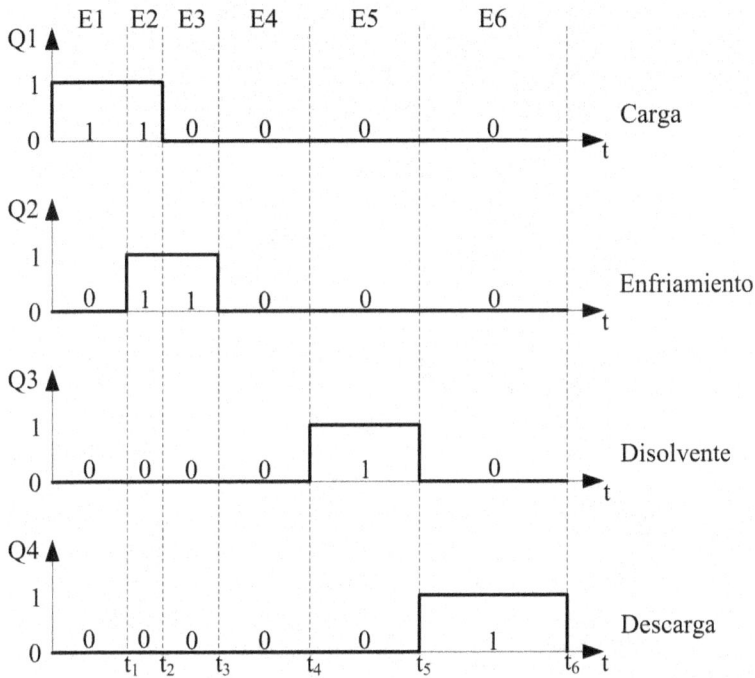

Fig. 7.16 Cronograma de estados del sistema de carga para un proceso exotérmico

El diagrama GRAFCET correspondiente al ciclo de trabajo del proceso (fig. 7.18) se inicia en la etapa 0, donde se asigna el contenido de todas las variables que serán utilizadas con posterioridad en el proceso.

Se utilizarán las marcas de la M1 a la M24 para almacenar los 24 posibles valores binarios de la salida en función de cada uno de los seis estados posibles del proceso (E1 a E6), lo cual se realiza mediante dos instrucciones MOV, una instrucción para los tres primeros estados y otra para los tres estados siguientes (fig. 7.17), en que siempre el bit menos significativo de cada grupo de cuatro marcas corresponde siempre a Q1 y el más significativo a Q4.

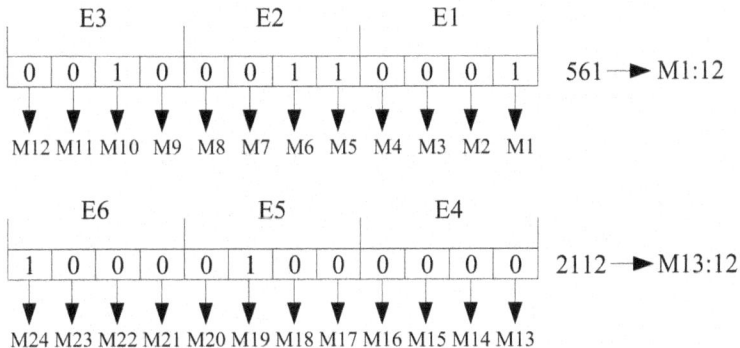

Fig. 7.17 Transferencia de los diferentes estados de proceso al rango de memoria de M1 a M24

Se crean seis variables enteras, que se almacenan en un conjunto de 96 marcas contiguas (de M100 a M195), donde se almacenará el tiempo que ha de durar cada una de las etapas del proceso: t1 en M100:16, t2 en M116:16, t3 en M132:16, t4 en M148:16, t5 en M164:16 y t6 en M180:16, y que irán rotando cada vez que finalice un ciclo para programar el ciclo siguiente.

Una vez inicializadas todas las variables, si la variable de ciclo continuo del GRAFCET adyacente está activa (M34), actualiza las cuatro salidas (Q1:4=M1:4), carga en MW0 el valor de temporización de la etapa actual MW0=M100:16, inicializa la temporización con el valor de MW0 e incrementa el contador de módulo 6, que permite controlar en qué ciclo de trabajo se encuentra el proceso.

Una vez finalizada la temporización de cada uno de los seis estados, el contenido de las marcas M1:24 se rota 4 posiciones a la derecha, actualizando los cuatro bits menos significativos con el estado de las cuatro salidas correspondientes al siguiente estado del proceso. Igualmente, pero con una rotación de 16 bits, se procede con el área de memoria M100:96, pero en este caso se

actualizan los 16 bits menos significativos con el tiempo del siguiente estado. Una vez realizadas ambas operaciones (M35), dependiendo de si se han cumplido o no los 6 estados del proceso, controlado por la salida del contador de módulo 6 (M36), se activará la etapa 1 (M36 desactivado), actualizando las salidas y el tiempo con los nuevos valores, o se pasará a la etapa 0 (M36 activado) que inicializará nuevamente las variables del proceso e iniciará uno nuevo si la variable de ciclo continuo está activa.

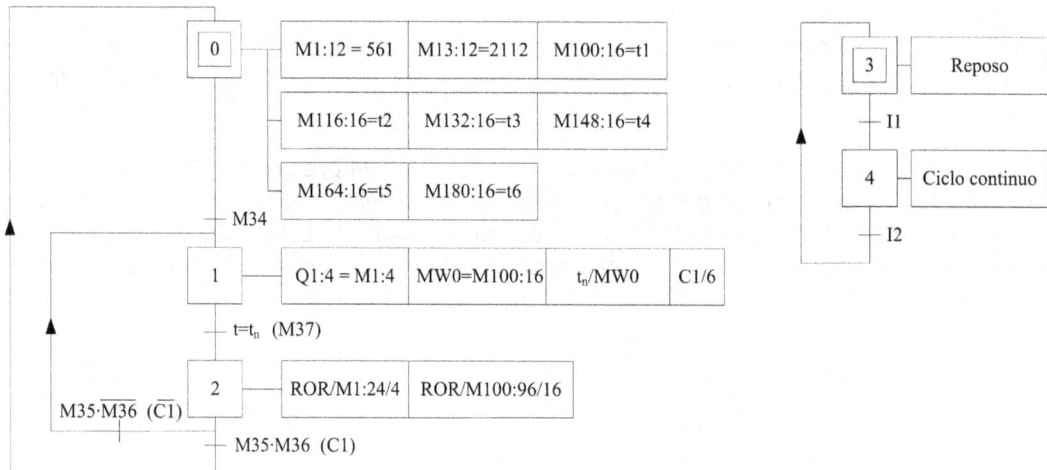

Fig. 7.18 Diagrama GRAFCET del proceso de reacción exotérmica

A partir de la resolución del diagrama GRAFCET, se asignan a las etapas 0 a 4 las marcas M30 a M34, respectivamente. De esta manera, se resuelve en primera instancia el GRAFCET de ciclo continuo, y seguidamente el ciclo de trabajo del proceso, tal como se puede observar en la figura 7.19.

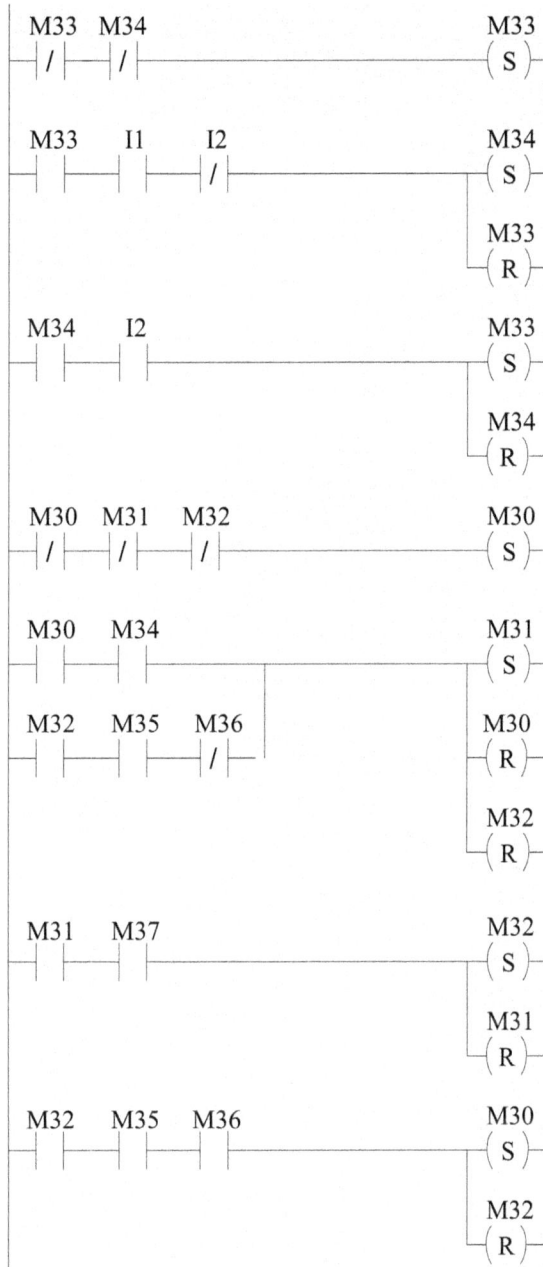

Fig. 7.19 Líneas del programa en lenguaje Ladder de la evolución de los dos GRAFCET del proceso

En la figura 7.20, se desarrollan cada una de las acciones del proceso mediante las instrucciones estándar del PLC.

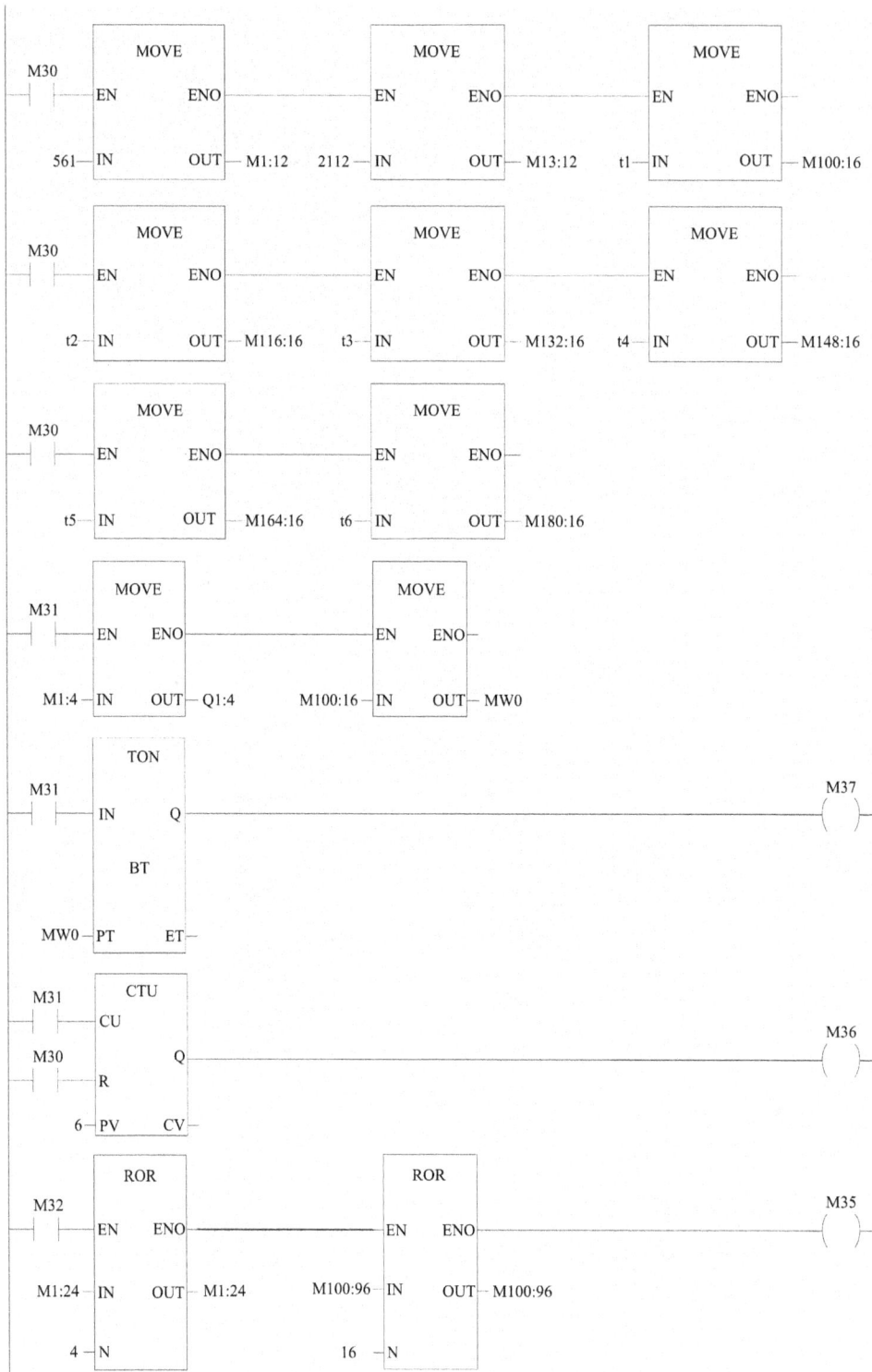

Fig. 7.20 Líneas del programa en lenguaje Ladder de las acciones del proceso exotérmico

A partir de los ejemplos presentados en este capítulo, se puede apreciar la potencia de este tipo de instrucciones que permite incluir operaciones de tratamiento de registros en sistemas automatizados de mayor complejidad. Como se ha expuesto, el uso de estas instrucciones facilita la programación de procesos químicos que requieren cálculos numéricos, tales como: diseño de formulaciones, programaciones con tiempos variables, visualización de variables numéricas e introducción de consignas en la evolución de un proceso.

Una aplicación habitual de los conceptos expuestos en este capítulo se realiza en sistemas de regulación de tiempo continuo, donde los módulos de entrada y salida analógicos, junto con los lazos de control PID, requieren el uso y tratamiento de registros numéricos que contienen los valores analógicos de control. El contenido del siguiente capítulo desarrolla estos puntos, donde se podrá apreciar la funcionalidad del conjunto de instrucciones estudiadas hasta este punto.

control de procesos continuos

8.1 Control de procesos continuos en la industria química

Como ya se ha comentado previamente, en los sistemas de producción de la industria química tiene gran importancia el control de procesos, en el que intervienen un conjunto de variables que evolucionan continuamente en el tiempo, siendo las más comunes la presión, el caudal, la temperatura, el nivel o la composición, entre otras. En este tipo de procesos, la naturaleza de la señal no corresponde a una variable booleana del tipo todo o nada como las que se han estudiado hasta el momento; se trata de señales que proporcionan un valor analógico de un proceso que varía continuamente en el tiempo dentro de un rango determinado (V_{min} a V_{max}) y que pueden adquirir, en todo momento, cualquier valor dentro de un rango definido, tal como se muestra en la figura 8.1.

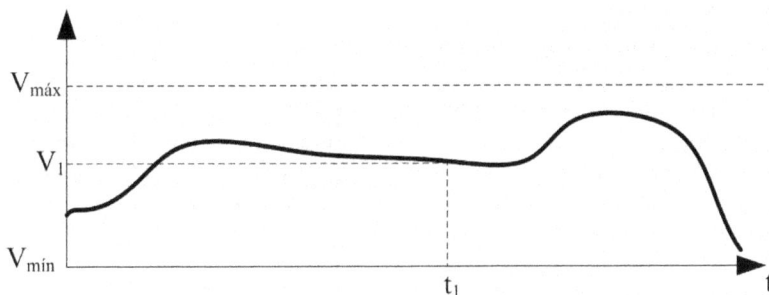

Fig. 8.1 Evolución continua de una señal en el tiempo

Un ejemplo de este tipo de procesos lo constituye el control de la temperatura en un reactor CSTR (*continuous stirred tank reactor*), en el cual tiene lugar una reacción exotérmica. El objetivo es mantener la temperatura en un valor determinado mientras se está realizando la reacción. En dicho proceso (generalizable para cualquier proceso de control), intervienen un conjunto de variables como son:

- *Variable controlada:* temperatura del compuesto que se desea mantener.
- *Punto de consigna (set point):* valor que se introduce en el proceso de manera manual o automática y que determina el valor que ha de tener la variable controlada, en este caso la temperatura.
- *Variable manipulada:* mediante el control de la circulación de un líquido refrigerante (variable manipulada), se mantiene regulada la temperatura en el valor deseado del punto de consigna.

– *Perturbaciones:* son las variables aleatorias que pueden afectar a la temperatura del reactor, tales como la composición de la alimentación y/o su temperatura, y que se supone que no se puede actuar directamente sobre ellas.

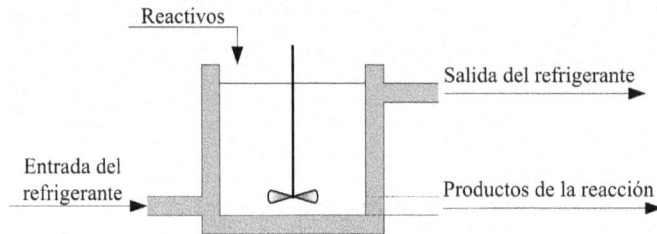

Fig. 8.2 Reactor CSTR

De lo indicado antes, se desprende que, si se desea realizar el control de este tipo de procesos mediante PLC, éste ha de ser capaz, por un lado, de conocer e interpretar el valor de las variables analógicas, (como el de la temperatura en este caso) y, por otro lado, de controlar el proceso mediante el valor analógico correspondiente al punto de consigna del sistema. Con los objetivos expuestos hasta el momento, es necesario conocer cómo trabajan los módulos analógicos en el PLC, y el tipo de instrucciones y herramientas de que dispone este dispositivo para poder desarrollar el control de procesos continuos.

8.2 Medida de variables continuas. Entradas analógicas

La adquisición y el procesado de variables analógicas por parte de los módulos de entrada del PLC requieren un conjunto de acciones previas, que tienen como finalidad convertir y adaptar la señal que se desea obtener a unos niveles eléctricos aptos para ser tratados por dicho módulo. En la figura 8.3, se pueden observar la estructura y los elementos que son necesarios para acondicionar la señal a medir para los niveles de entrada del PLC.

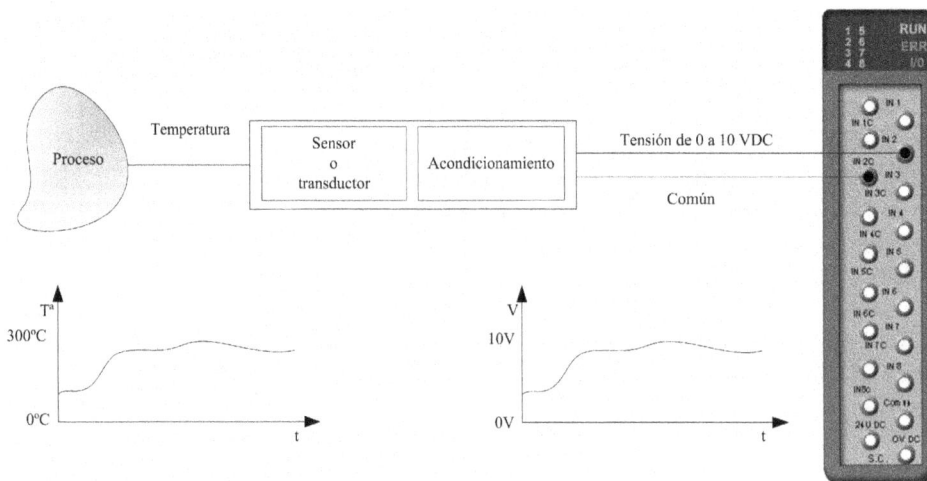

Fig. 8.3 Estructura para la adquisición de señales continuas con PLC

La estructura del sistema tiene como base el proceso que se desea controlar, y en el que intervienen una o más señales, que evolucionan continuamente en el tiempo. En el caso de la figura propuesta como ejemplo, se desea adquirir el valor de la temperatura del proceso de un reactor CSTR como el desarrollado en la introducción del capítulo. El primer paso para poder efectuar esta medición es convertir la señal a medir en una señal eléctrica continua en el tiempo, acotada dentro de unos límites y que sea directamente proporcional a la señal que se está midiendo. El elemento que realiza esta función es el *transductor*.

Existen dos grandes grupos de transductores: los *pasivos*, en los que no se produce conversión de energía, sino que algún parámetro del transductor es directamente proporcional a la magnitud que se mide, y los *activos*, dispositivos que generan energía eléctrica por conversión de energía procedente del sistema sobre el cual se está realizando la conversión.

Existen tantos tipos de transductores como variables se deseen medir, tales como la temperatura, la presión, las células de carga, el caudal, el nivel, la velocidad, etc. Aunque estructuralmente todos ellos puedan ser muy diferentes, la característica común de todos es que convierten la señal a medir en una señal eléctrica, de tensión, corriente, variación de resistencia, etc., proporcionales al valor de la señal que se desea conocer.

La señal suministrada por el transductor suele ser una señal de bajo nivel y con un alto nivel de ruido, por lo que posteriormente se requiere una etapa de acondicionamiento de la misma, que consta de las acciones siguientes:
1. Adaptar la variación de señal eléctrica suministrada por el transductor (resistencia, tensión, corriente, frecuencia...) a un tipo de señal apta para el módulo de procesamiento de la misma.
2. Filtrar la señal adquirida para eliminar ruidos y valores no deseados.
3. Amplificar y adaptar la señal eléctrica a los niveles requeridos por el módulo de procesamiento.

También la figura 8.3 muestra como ejemplo un sensor de temperatura para el reactor CSRT, que permite convertir una señal entre 100°C y 300°C a un rango de valores eléctricos que va de 0 a 10 voltios, que es la señal que es captada por el módulo de entradas del PLC.

Debido a la gran cantidad de tipos de transductores y de rangos de conversión existentes en el mercado, se pueden encontrar diferentes módulos de E/S analógicos. Los más comunes son:
- Módulos de entrada de corriente de 0 a 20 mA o de 4 a 20 mA
- Módulos de entrada en tensión unipolares de 0 a 5 V y de 0 a 10 V
- Módulos de entrada en tensión bipolares de -5V a 5V y de -10V a 10V

Una vez la señal eléctrica analógica es llevada al PLC, y debido a que se trata de un sistema digital, es necesario convertir esta corriente o voltaje a un código binario para que pueda ser tratada en un programa. La estructura típica de un módulo de entradas analógico tiene como misión, entre otras, realizar esta conversión, tal como se observa en la figura 8.4, en la que un módulo analógico de entradas está compuesto de una serie de bloques funcionales, que permiten realizar el procesado de la señal para convertirla a un código binario.

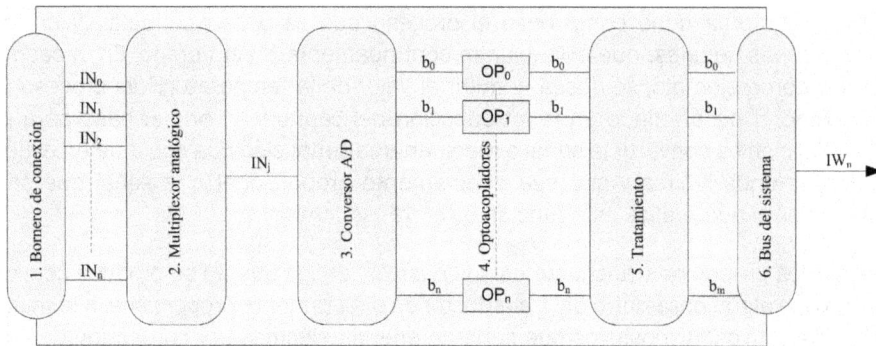

Fig. 8.4 Estructura del módulo de entrada analógico

A continuación, se realiza una breve descripción de los componentes para la conversión de la señal:

1. *Bornero de conexión*. Permite la conexión de los sistemas de captación a cada uno de canales de los módulos de entrada analógicos. Habitualmente, pueden encontrarse entre 4 y 16 canales de entrada por módulo. Existen *entradas diferenciales*, donde cada sensor tiene sus dos bornes, o *entrada única* con un común para todas las entradas (fig. 8.5).

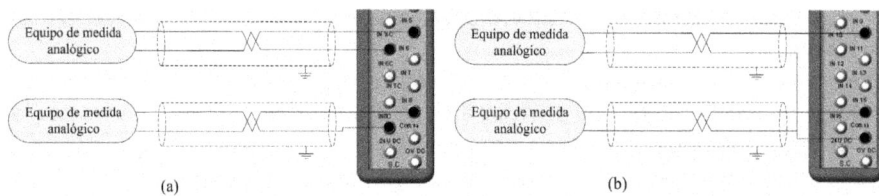

Figura 8.5 Conexión del bornero: entrada diferencial (a) y entrada única (b)

2. *Multiplexor analógico*. La función del multiplexor analógico es seleccionar el canal del cual se va a realizar la lectura analógica. Habitualmente, aunque no siempre, en cada ciclo de *scan* del PLC se realiza la lectura de un único canal de entrada, por lo que para realizar la lectura de todos los canales son necesarios tantos ciclos de *scan* como canales disponga el módulo.

3. *Conversor analógico/digital*. Este elemento tiene como misión convertir la señal analógica de cada canal en un código binario de n bits. El número de bits determina la resolución del módulo (parte más pequeña en la que se puede dividir la señal). Un conversor analógico/digital normal para un PLC suele ser de 12 bits, por lo que la señal puede representarse utilizando 12 bits o, lo que es lo mismo, 2^{12} valores, de 0 a 4.095.

Si se dispone de un módulo de entradas analógico de 0 a 10 V, con un conversor A/D de 12 bits, el peso de cada bit es igual al rango de entrada, dividido por el número de códigos que puede generar el conversor $2^n - 1$:

$$\text{Resolución del conversor} = \frac{\text{Rango de entrada del conversor}}{2^n - 1}$$

Cuando el valor de la entrada del conversor sea de 0 V, la salida dará el valor en decimal 0, y cuando tenga a la entrada 10 V, la salida valdrá 4.095. Como regla general, el valor decimal a la salida del conversor será:

Valor decimal del conversor = Resolución del conversor · Valor analógico de entrada

4. *Optoacoplador.* El optoacoplador aísla eléctricamente la parte de adquisición de la parte de tratamiento mediante la transferencia de la información binaria con LEDs entre las dos partes de la estructura del módulo analógico. Ello permite un acoplamiento mediante la luz que emite el diodo LED, aislando eléctricamente la parte del proceso de la circuitería interna del PLC. Existen tantos optoacolpladores como bits tenga la salida del conversor analógico a digital.

5. *Tratamiento.* Finalmente, el código binario resultante de la conversión digital debe escribirse en un registro del PLC, que no siempre coincide con el número de bits del conversor (habitualmente, de 12 bits). Por tanto, el sistema ha de realizar el tratamiento para convertir este código al tamaño del registro de entrada analógico del PLC (16 bits).

6. *Bus del sistema.* A través del bus del sistema, el valor se lleva a los registros de imagen de entrada analógicos situados en la memoria de la CPU del autómata, donde podrá ser tratado mediante el programa de usuario. Las variables asociadas a las entradas analógicas generalmente se denominaran IWn, en que n indica el canal de entrada, y permiten trabajar en formato de registro, pues existe una relación directa entre el valor del registro de entrada analógico y la señal de entrada al PLC.

8.2.1 Ejercicio de aplicación: control de temperatura de un proceso

Un sensor de temperatura que suministra una tensión entre 0 y 10 V para un rango de 0 a 100°C de una reacción que tiene lugar en un reactor por cargas está conectado a la entrada analógica $IW1$. Se desea programar una rutina dentro de un programa en lenguaje Ladder que realice la lectura del sensor y muestre al usuario, mediante tres displays, un valor entero de 000 a 100 que indique el valor en grados centígrados del proceso leído por el sensor. Los datos son suministrados al display a través de 9 salidas digitales: de Q1 a Q4 para las unidades, de Q5 a Q7 para las decenas, y Q9 para el único dígito de las centenas; se utilizará formato BCD, tal como muestra la figura 8.6.

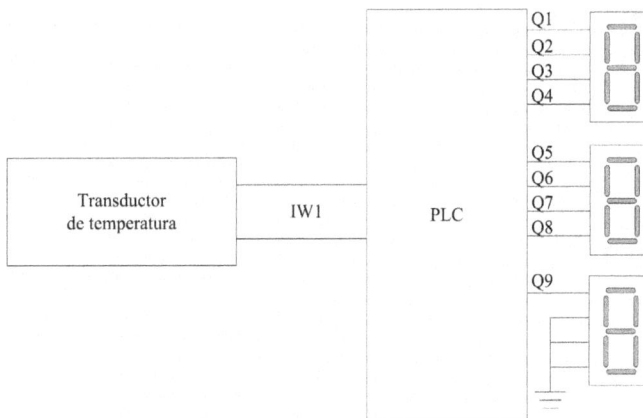

Fig. 8.6 Monitorización de un sistema de control de temperatura

La solución al ejercicio puede observarse en la figura 8.7. La primera línea, de manera incondicional (no tiene ningún contacto previo asociado), realiza la lectura del registro analógico de entrada (IW1) y lo almacena en un registro de 16 bits del PLC (MW1). A continuación, y puesto que se desea mostrar el valor en grados centígrados de la temperatura, se ha de relacionar el contenido del registro con el valor de la aplicación. Esta relación no es más que una regla de proporciones entre el valor del registro y el valor de la aplicación, que permite encontrar una fórmula que relacione un valor en función del otro:

$$\frac{IWn - Offset}{(M\acute{a}x - M\acute{i}n)_{IWn}} = \frac{V_{aplic} - Offset}{(M\acute{a}x - M\acute{i}n)_{aplic}}$$

donde IWn corresponde a la entrada analógica; V_{aplic} es el valor de aplicación que le corresponde; *offset* es la desviación de la señal respecto del 0, tanto del registro (en el primer término de la fórmula) como del valor de la aplicación (en el segundo término de la fórmula), y, finalmente, *Máx* y *Mín* son los valores máximos y mínimos que pueden tener el registro en el primer término y la aplicación en el segundo.

Para el ejercicio, se asigna un valor de registro de 0 a 32.000 para todo el rango de entrada (esto puede variar en función del fabricante). Sustituyendo el resto de parámetro de la fórmula por los de la aplicación, teniendo en cuenta que el *offset* en ambos casos es cero y los valores máximos y mínimos de cada uno de los dos términos, queda:

$$\frac{IW1 - 0}{32.000 - 0} = \frac{V_{aplic} - 0}{100 - 0}$$

Despejando de la fórmula y expresando el valor de V_{aplic} en función del valor del contenido del registro, se obtiene:

$$V_{aplic} = \frac{IW1}{320}$$

Esta fórmula se desarrolla en la segunda línea del programa Ladder, una vez se ha pasado el contenido de IW1 a MW1. El resultado de la operación se convierte a BCD y se lleva a las salidas digitales del módulo.

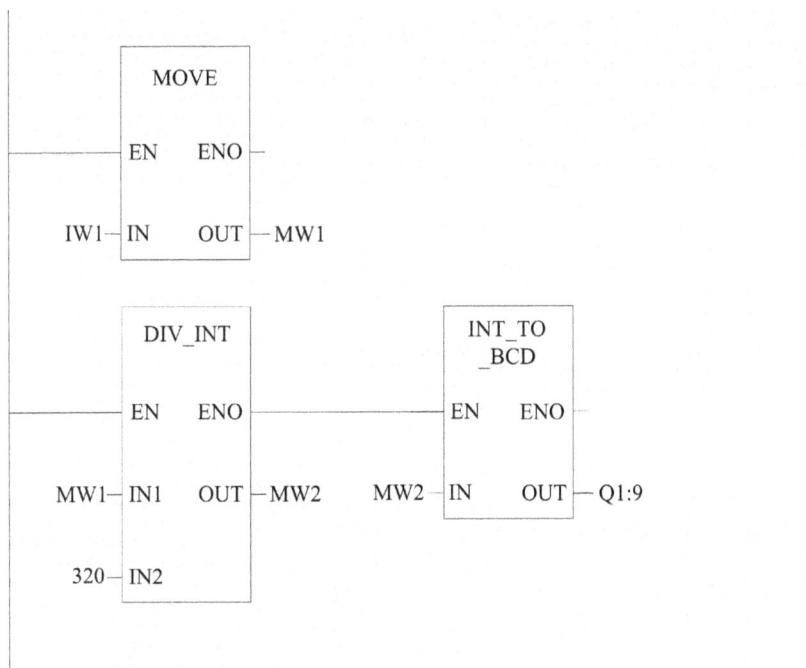

Fig. 8.7 Programa para la monitorización de la temperatura en un display

8.2.2 Ejercicio de aplicación: control todo/nada del pH de un proceso de mezcla

Un sistema de control de pH de un proceso de mezcla en continuo, que está conectado a la entrada IW1 del PLC, consiste en un sensor que suministra una corriente de 4 a 20 mA para una lectura del pH comprendida entre 0 y 14. El usuario introduce el pH deseado (entre 0 y 14) a través de un codificador binario de cuatro bits conectado a las entradas I1 a I4. El sistema dispone de un control de pH que mantiene la mezcla en la consigna deseada mediante un control todo/nada conectado a las salidas Q1 y Q2. Cuando el pH del sistema supera en un 10% el valor seleccionado por el usuario, activa Q1 y, cuando el pH se encuentra un 10% debajo del valor seleccionado, activa Q2. En caso de estar dentro de los márgenes del ±10% del punto de consigna, ambas salidas estarán desactivadas.

La resolución del ejercicio se muestra en la figura 8.8. Se inicia (1) con la captación de la entrada analógica IW1 y el valor del punto de consigna (I1:4), que tendrá un código binario de 0 a 15. Como las operaciones que se van a utilizar dan como resultados números reales, el valor entero almacenado en MW10 se pasa a REAL y se asigna a MF10 (registro de 4 bytes del PLC en formato real).

Una vez almacenados los valores de consigna (MF10) y del proceso (MW1), el valor de consigna, comprendido entre 0 y 15, se transforma a valor del registro para poder comparar con el rango de ±10% siguiendo la fórmula descrita en el ejercicio anterior.

$$\frac{IWn - Offset}{(Máx - Mín)_{IWn}} = \frac{V_{aplic} - Offset}{(Máx - Mín)_{aplic}}$$

que para esta aplicación responde a la siguiente fórmula, en la que MF20 corresponde al registro en formato REAL, donde se almacenará el valor de la aplicación en el mismo rango que la entrada analógica (0 a 32.000):

$$\frac{MF20}{32.000 - 0} = \frac{V_{aplic}}{14 - 0}$$

Despejando el valor de MF20 en función del valor de la aplicación (2):

$$MF20 = \frac{16.000}{7} \cdot V_{aplic}$$

En la línea siguiente (3), se realiza el cálculo de los márgenes de control, sumando y restando el valor calculado del ±10% con el valor del punto de consigna. Para poder comparar los márgenes calculados (MF30 y MF35) con la lectura analógica almacenada en MW1, se realiza el paso de los registros en formato REAL a INT (4), y se realiza la comparación con el margen superior (5), activando Q1, y con el inferior (6), activando Q2.

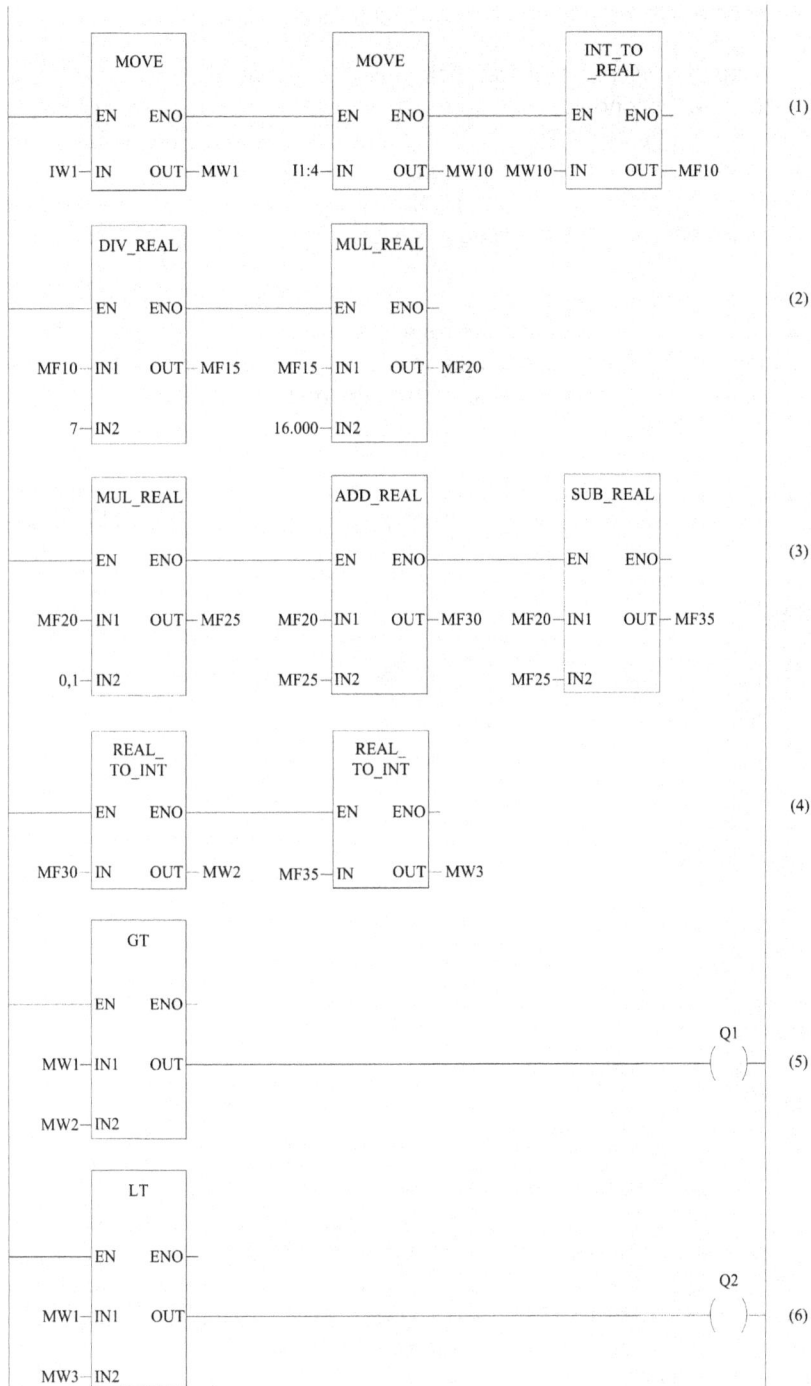

Fig. 8.8 Programa para el control de pH de un proceso

8.3 Control de dispositivos en tiempo continúo. Salidas analógicas

Los módulos de salida analógicos se utilizan habitualmente en aplicaciones que requieren una capacidad de control que responde de manera directamente proporcional a los niveles de voltaje o corriente continua. El número de elementos de salida que responde a señales analógicas es grande y variado; algunos de estos elementos son:

- *Válvulas analógicas.* La apertura de estas válvulas es regulable y el grado de apertura depende directamente de la señal analógica aplicada, con lo que se puede regular el caudal en función de ésta.
- *Consignas para motores eléctricos.* La regulación de velocidad de los motores eléctricos mediante una consigna analógica permite regular el trabajo de los dispositivos acoplados a éstos, como pueden ser agitadores, bombas o cualquier tipo de actuador asociado a un motor.
- *Medidores analógicos.* Se pueden acoplar a la salida de PLC medidores tanto digitales como analógicos, que suministran información al usuario de los valores relativos a variables analógicas.
- *Consignas.* De manera general, se pueden aplicar consignas analógicas que permitirán regular y estabilizar procesos mediante controladores del tipo PID, tal como se ve en la figura 8.9.

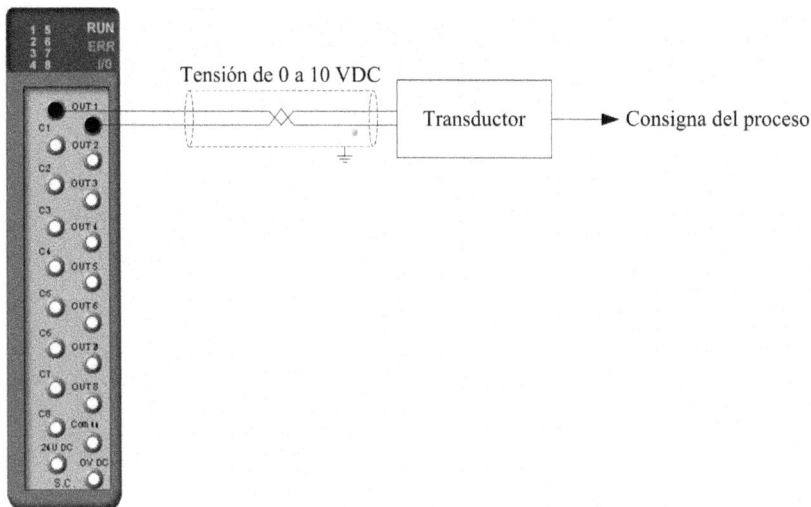

Fig. 8.9 Conexión del bornero de salidas analógicas

Como en el caso de las entradas analógicas, los módulos de salida están conectados con elementos de control mediante el uso de transductores que toman la señal analógica de salida del PLC y que la modifican para adaptarla al elemento final de control que deberá modificar el estado del mismo. Al igual que sucedía con los módulos de entrada, se pueden encontrar diferentes rangos y tipos de señales eléctricas con las que son capaces de trabajar los PLC:

- Módulos de salida de corriente de 0 a 20 mA o de 4 a 20 mA
- Módulos de salida en tensión unipolares de 0 a 5 V o de 0 a 10 V
- Módulos de salida en tensión bipolares de -5 V a 5 V o de -10 V a 10 V

El módulo analógico de salida opera de manera similar al de entrada, excepto que la dirección del dato es inversa. El procesador del PLC trabaja con registros digitales, llamados habitualmente QWn; por tanto, es responsabilidad del módulo de salida analógico cambiar el dato digital a una señal eléctrica, generalmente de tensión o de corriente continua.

La estructura de los módulos de salida analógica, tal como se muestra en la figura 8.10, está compuesta de una serie de bloques funcionales que le permiten cumplir con la tarea que tiene asignada. Estos bloques, de izquierda a derecha, son:

1. *Bus del sistema.* A partir de la conexión del módulo al sistema del PLC mediante el bus, le llegan a éste los registros de la memoria de salidas del PLC (QW) correspondientes a las salidas analógicas, que generalmente será de 16 bits.

2. *Modificación del registro.* Como generalmente el tamaño del registro QW no coincide con el del conversor digital a analógico, se requiere una etapa de adaptación que recoja los valores transmitidos a través del bus y los convierta a registros del tamaño del conversor.

3. *Conversor D/A.* La función del conversor digital a analógico es similar a la del módulo de entradas; en este caso, el conversor recibe un código binario de n bits, y a su salida genera una señal analógica dentro de un rango determinado.

$$\text{Valor analógico de salida } = \text{ Resolución del conversor} \cdot \text{Valor decimal del conversor}$$

siendo la fórmula de determinación de la resolución del conversor la misma que se había detallado para el módulo de entradas analógico. A diferencia de los módulos de entrada, la mayoría de los de salida incorporan tantos conversores D/A como canales de salida dispone el módulo, lo que significa que éstos se refrescarán en cada ciclo de *scan*, a diferencia de los analógicos, que solamente realizan la lectura de un canal por cada ciclo de *scan*.

4. *Acondicionamiento.* Una vez se dispone la señal analógica a la salida del conversor, ésta se acondiciona al tipo de señal (corriente o tensión), al rango de salida del módulo y, adicionalmente, a un filtro que suavice las transiciones entre códigos.

5. *Bornero.* Una vez realizadas todas estas operaciones, la señal analógica se lleva al bornero de salida para ser utilizada en la aplicación

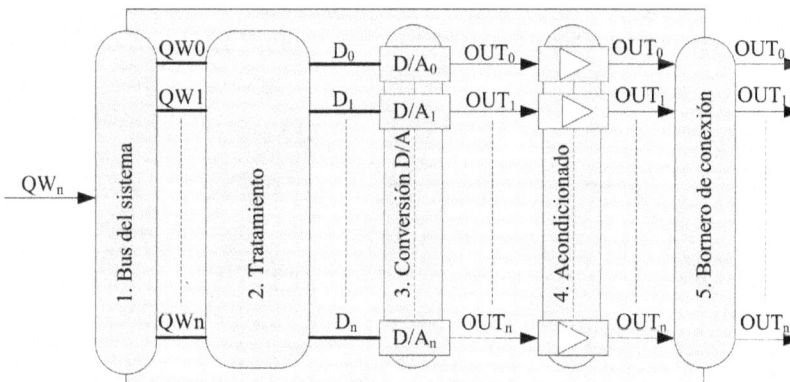

Fig. 8.10 Estructura del módulo de salida analógico

8.3.1 Ejercicio de aplicación: válvula para el control de vapor de un sistema de calefacción de un reactor

La señal de control para la apertura y el cierre de una válvula analógica que regula el vapor del sistema de calefacción de un reactor responde al gráfico de la figura 8.11. El procedimiento para su control es aplicar (QW1) proveniente de un módulo que ofrece un rango de tensión de 0 a 10 voltios. Esta señal se aplica de manera gradual al pulsar marcha (I1), tal como muestra la figura 8.11; inicia su valor desde 0 hasta alcanzar el valor de 3 V en 10 minutos, en cuyo estado permanece estable hasta que se pulsa paro (I2), y desciende desde el estado estable hasta cero en 5 minutos.

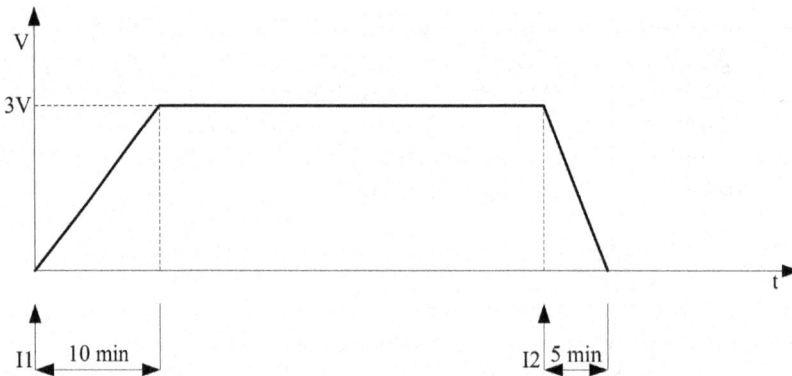

Fig. 8.11 Señal para el control de la válvula analógica

La resolución del problema se inicia con la transformación de la respuesta que se muestra en la figura 8.11 a valores de registros del PLC. De esta manera, teniendo en cuenta un valor de fondo de escala de 32.000 para el registro analógico de salida, los 3 V equivalen a un valor de 9.600 para QW1, encontrado a partir de la fórmula que relaciona el valor del registro con su correspondiente analógico. Igualmente, los valores de tiempo se han de pasar a valor de registro, tomando como base de tiempo 1 s para los temporizadores que se utilizarán en el programa. El valor de puesta en marcha irá desde 0 a 600 s y el de paro, de 0 a 300 s. Por tanto, la figura 8.11 quedará transformada con los valores de registro en la figura 8.12.

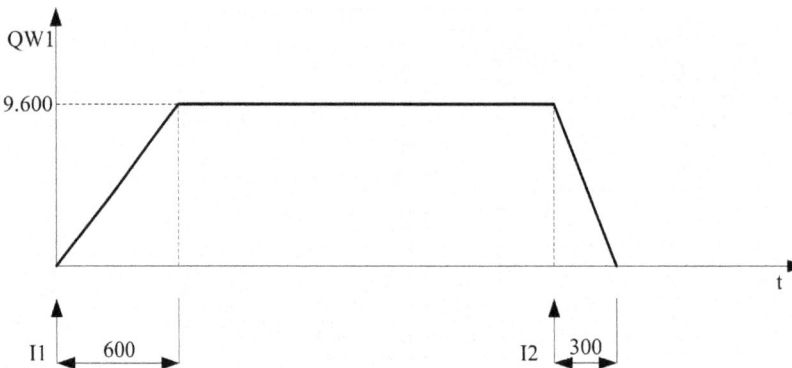

Fig. 8.12 Señal de salida analógica con los valores del registro

A partir de la nueva gráfica, se pueden establecer las funciones que determinan la rampa de subida y bajada de la puesta en marcha y el paro del proceso.

– Puesta en marcha:

$$QW1 = \frac{9.600}{600} \cdot t1 = 16 \cdot t1$$

– Paro:

$$QW1 = 9.600 - \frac{9.600}{300} \cdot t2 = 9.600 - 32 \cdot t2$$

A partir de las fórmulas, se puede diseñar el diagrama GRAFCET del proceso, donde se puede ver la aplicación de las fórmulas en la puesta en marcha y el paro (fig. 8.13), teniendo en cuenta que el valor que lleva temporizado t1 (salida ET) se almacenará en el registro MW1 y el del temporizador t2, en MW2:

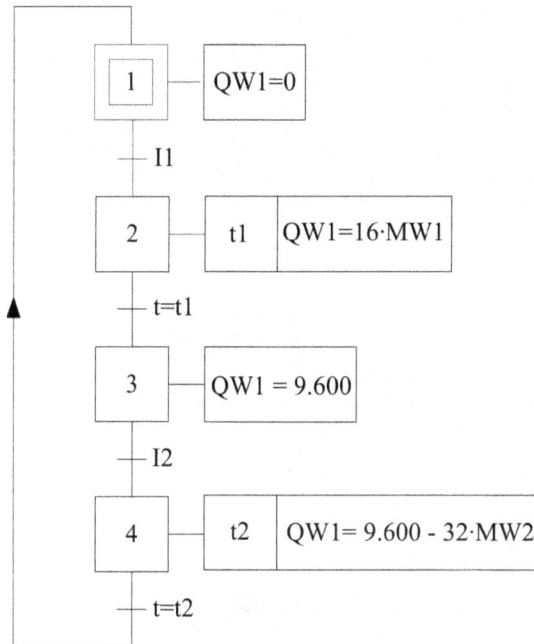

Fig. 8.13 GRAFCET del sistema de generación de una rampa analógica

A partir del GRAFCET, se programa mediante instrucciones Ladder el diagrama de flujo del proceso y se realizan las acciones del mismo tal como se ve en la figura 8.14.

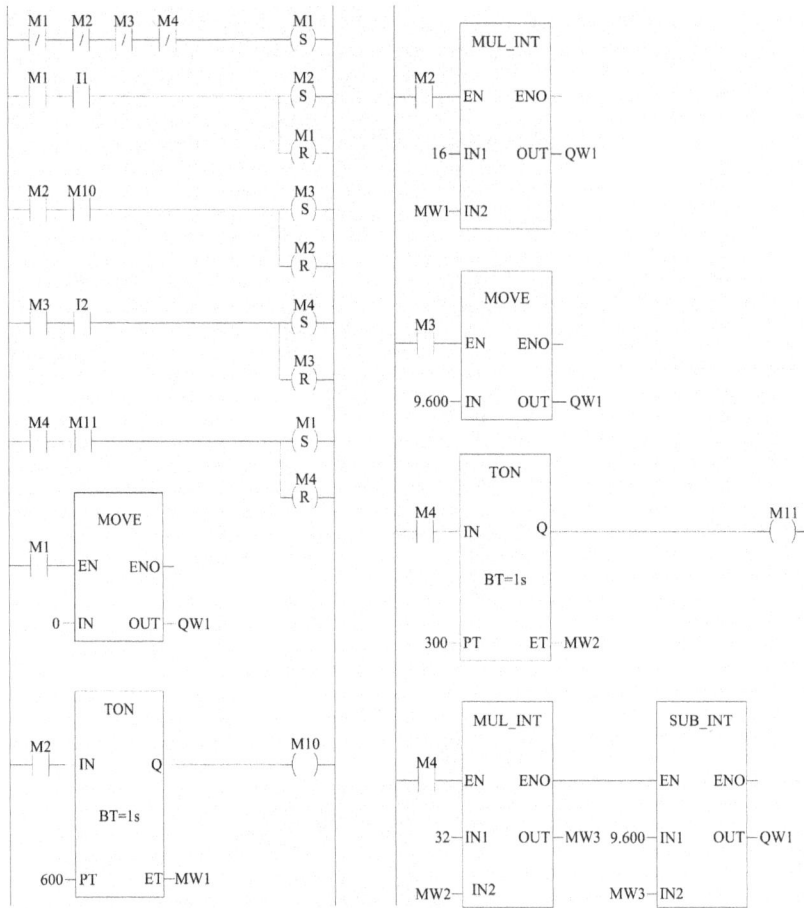

Fig. 8.14 Programa en lenguaje Ladder de la generación de señal analógica

8.4 Regulación de procesos continuos. Control PID

El objetivo de un sistema de control realimentado, como el aplicado sobre el reactor CSTR de la figura 8.2 en el cual se desea mantener constante el valor de temperatura (*variable controlada*), es mantener una variable del sistema igual a un valor determinado. Para ello, se debe introducir el valor deseado al proceso mediante el denominado punto de consigna (*set point*) normalmente a través de un módulo de entradas del PLC, para el caso en estudio, la temperatura a la cual se debe mantener la reacción. Un sistema de adquisición de datos (*elemento de medida*): un sensor de temperatura para el reactor CSTR, conectado al módulo analógico del PLC, suministra la información del valor real del proceso, que ha de coincidir con el valor de consigna introducido. La comparación por diferencia de los dos valores indicados antes genera un *error*, que se ha de llevar a cero para que coincida el valor deseado con el real. Esta función se realiza mediante un algoritmo de control, habitualmente un *controlador PID* (de acciones proporcional, integral y derivativa) que actúa sobre la señal de error. La salida del controlador, ligada generalmente a un módulo de salidas analógico, actúa sobre el *elemento final de control:* una válvula que regula el caudal de refrigerante (*variable manipulada*), que circula en circuito cerrado en el CSTR, permite llevar la salida del proceso al valor del punto de consigna.

El empleo de diagramas de bloques permite visualizar el proceso y el sistema de control instalado (fig. 8.15). Este diagrama se puede utilizar para cualquier proceso de control realimentado, incluyendo los elementos adecuados para cada caso. En la figura mencionada, se detallan los elementos que forman parte del sistema de control.

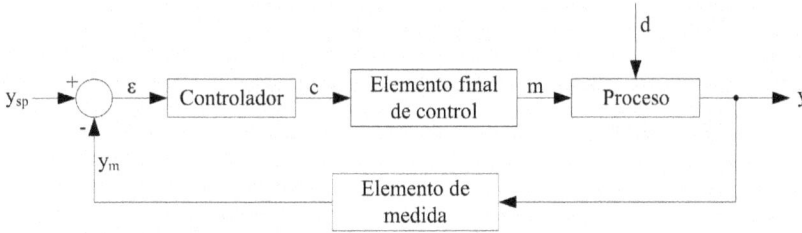

y_{sp}: valor deseado de la temperatura (punto de consigna)
ε: error
c: señal de control
m: variable manipulada
y_m: valor medido
d: perturbación
y: valor de la variable

Fig. 8.15 Estructura del lazo del control

En el diagrama de control de la figura 8.15, puede observarse que la entrada es la denominada consigna (y_{sp}), que es el valor que el usuario desea obtener a la salida del proceso (y); para ello, en todo momento realiza la comparación entre el valor de consigna y la salida, que da como resultado la señal de error ε:

$$\varepsilon = y_{sp} - y_m$$

Si el valor de ε es diferente de 0, indica que existe una diferencia entre la consigna y la señal de salida. Este valor se introduce en el controlador, que es el encargado de que la salida siga la consigna, independientemente de las perturbaciones que pueda tener el sistema.

El controlador PID incluye tres acciones que actúan sobre la señal de error: una acción directamente proporcional a la señal de error (P), una acción proporcional a la integral del error (I) y una acción proporcional a la derivada del error. Según el tipo de acción que conforma la señal de control, se dispone de controladores P, I, PI, PD y PID. A continuación, se describen las correspondientes acciones individuales y su efecto sobre la variable controlada.

−*Acción proporcional.* El controlador genera una salida, que es directamente proporcional (K_p) a la evolución de la señal de error en el tiempo. Tiene un uso limitado, pues genera un error permanente en el proceso (*offset*):

$$u(t) = K_p \cdot \varepsilon(t)$$

−*Acción integral.* Esta acción genera una salida que es proporcional (K_i) al error acumulado (integral del error), lo que implica un modo de control lento y que puede llegar a la saturación de los elementos terminales, pero elimina el error permanente.

$$u(t) = K_i \int \varepsilon(t)dt$$

−*Acción derivativa.* La acción derivativa genera una señal, que es directamente proporcional (K_D) a la derivada del error. La señal de control que se genera es proporcional a la pendiente del error, por lo que tiende a anticiparse a éste y minimizar las variaciones.

$$u(t) = K_D \cdot \frac{d\varepsilon(t)}{dt}$$

A partir de la acción combinada de los tres tipos de control independientes, se realiza el control PID, que se rige por la fórmula:

$$u(t) = K_p \cdot \varepsilon(t) + K_i \int \varepsilon(t)dt + K_D \cdot \frac{d\varepsilon(t)}{dt}$$

La mayoría de autómatas de la gama media-alta permiten la creación de bucles de control con algoritmos PID, lo que significa que el PLC elabora una señal de control a partir de los siguientes datos:

−La medida muestreada del proceso a partir de una señal analógica de entrada.
−El punto de consigna fijado por el operador o bien calculado por el programa.
−Las variables programadas en el controlador.

En la figura 8.16, puede observarse las dos estructuras internas típicas del funcionamiento de un bloque de función PID: el estándar PIDISA (fig. 8.16.a) que aplica el término proporcional a cada una de las acciones de control y el PIDIND (fig. 8.16.b) que aplica el término proporcional únicamente a la acción proporcional.

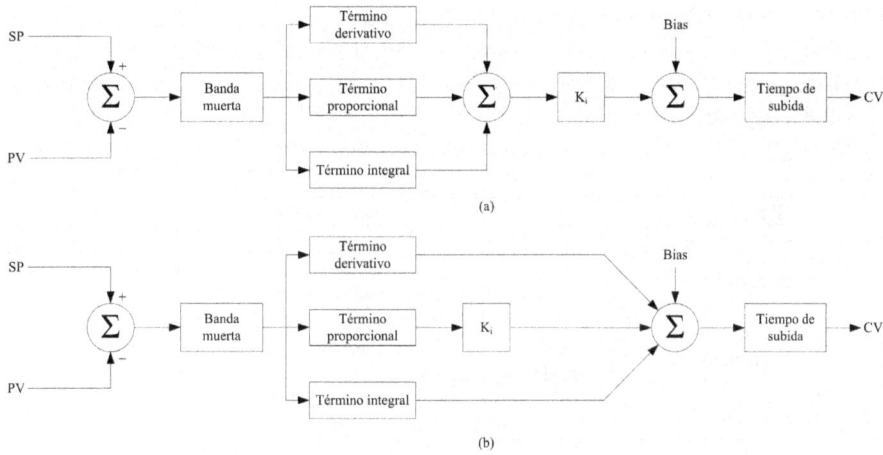

Fig. 8.16 Diagrama de bloques de función PID: PIDISA (a) y PIDINT (b)

La función tiene como parámetros de entrada el valor de la salida del proceso (PV) y el punto de consigna (SP). Junto a estas variables, se disponen tres entradas booleanas que permiten que la salida de control (CV) trabaje en modo manual (AUTO = 0), en que la salida CV aumenta o disminuye en una unidad en función de las entradas UP y DOWN respectivamente, o en modo automático (AUTO = 1), en que la salida CV es el resultado de aplicar el algoritmo de control PID con los parámetros programados en la instrucción. Finalmente, se ha de programar, en la instrucción, un registro (REF) que será el primero de una serie de registros en los se almacenarán los diferentes parámetros que necesita el PID para ejecutar su algoritmo.

La representación del bloque funcional de la instrucción PID, junto con sus parámetros de entrada y salida, corresponde al de la tabla 8.1.

Función PID	Parámetro	TIPO	Comentario
PID — EN ENO — — SP OUT — — PV — AUTO — UP — DOWN — REF	EN	BOOL	Entrada de activación de la función.
	SP	INT	Número entero con el valor de consigna del proceso.
	PV	INT	Número entero con el valor de salida del proceso.
	AUTO	BOOL	Entrada de puesta en marcha automática (1) o manual (0) del control PID.
	UP	BOOL	Incrementa el valor de CV en una unidad para cada flanco ascendente en su entrada.
	DOWN	BOOL	Decrementa el valor de CV en una unidad para cada flanco ascendente en su entrada.
	REF	INT	Registro base a partir del cual se almacenarán los parámetros que determinan el algoritmo PID.
	ENO	BOOL	Salida activa cada vez que se ejecuta el algoritmo PID.
	OUT	INT	Resultado de la señal de control.

Tabla 8.1 Sintaxis y descripción de la función PID

Para una ejecución correcta del algoritmo, es necesario un conjunto de registros en los que se almacenen los parámetros que requiere la función. Cada fabricante de PLC usa un número de registros y su asignación dentro del mapa de memoria distintos, que depende de la implementación del algoritmo. A modo de ejemplo, en la tabla 8.2 se presentan, para este bloque de función, una asignación con los parámetros más habituales utilizados en la industria química.

Registro	Parámetro	Descripción
REF	Número de lazo	Número entero que identifica el lazo de control dentro del programa.
REF + 1	Algoritmo	Número entero que indica el tipo de algoritmo que se aplica a la función (ISA se define como 1 e IND se define como 2)
REF + 2	Período de ejecución	Tiempo que transcurre entre dos ejecuciones del algoritmo, siempre que la entrada EN esté activa. El valor cero implica la ejecución continua del algoritmo.
REF + 3	*Dead Band +*	Valor (SP + *Dead Band+*) por debajo del cual se considera correcta la salida PV y el algoritmo no actúa.
REF + 4	*Dead Band -*	Valor (SP - *Dead Band-*) por encima del cual se considera correcta la salida PV y el algoritmo no actúa.
REF + 5	Ganancia proporcional	Valor entero que establece la ganancia proporcional del algoritmo PID.
REF + 6	Tiempo integral	Valor entero que establece el tiempo integral.
REF + 7	Tiempo derivativo	Valor entero que establece el tiempo derivativo.
REF + 8	Bias	Valor entero que se añade a la señal de control resultante de la aplicación del algoritmo, para adaptarla al rango de trabajo del elemento final de control.
REF + 9	Valor máximo de CV	Número entero que indica el valor máximo que puede alcanzar CV, para no saturar el elemento final de control.
REF + 10	Valor mínimo de CV	Número entero que indica el valor mínimo que puede alcanzar CV, para no saturar el elemento final de control.
REF + 11	Tiempo mínimo de subida	Valor entero positivo que define el tiempo mínimo de subida de la señal de control desde 0 al 100%, necesario para que el elemento final de control pueda seguir la variable de salida.
REF + 12	SP	Valor entero en el que se almacena el punto de consigna introducido por el usuario.
REF + 13	CV	Valor entero resultante de la aplicación del algoritmo de control.
REF + 14	PV	Valor entero en el que se almacena el valor del proceso de la variable introducida por el usuario.
REF + 15	OUT	Valor de la salida de la función con la señal de control.

Tabla 8.2 Parámetros más importantes de la instrucción PID

Los parámetros expuestos en la tabla anterior han de programarse previamente al uso de la instrucción mediante instrucciones de transferencia. La mayoría de las instrucciones dependen de valores estructurales del proceso, tales como el elemento final de control, el elemento de medida o el valor del punto de consigna, dichos valores se determinan a partir de las características propias de estos elementos. Sin embargo, existen una serie de parámetros que son propios del proceso, tales como la ganancia proporcional, el tiempo integral y el tiempo derivativo que se han de determinar experimentalmente, cálculo denominado sintonización (*tuning*) del controlador PID.

8.4.1 Sintonización de un PID en lazo abierto

Existe una bibliografía muy amplia sobre los diversos métodos de sintonización de controladores, temática que está fuera del objetivo de este libro. Sin embargo, para realizar una aplicación de la función PID, se expone uno de los criterios más utilizados: el método de *sintonización en lazo abierto* propuesto por Ziegler y Nichols. Esta técnica se basa en la determinación de la *curva de reacción del proceso* que consiste en aplicar una señal en escalón a la consigna del mismo, considerando éste en lazo abierto y esperar a su estabilización para determinar los parámetros característicos de su respuesta (fig. 8.17), siguiendo los siguientes pasos:

1. Con los elementos del lazo de control, excepto el controlador, dispuestos en lazo abierto, se lleva manualmente a un punto de operación estable a un valor y_0, con un valor de consigna x_0.

2. Se aplica un cambio en forma de escalón de manera que el valor final de la consigna sea x_1, comprendido entre el 10% y el 20% del total del recorrido del elemento final de control.

3. Se registra la respuesta de la salida del proceso hasta que se estabilice en un valor y_1. Dicha respuesta, cuando se representa, es la que se conoce como curva de reacción del proceso.

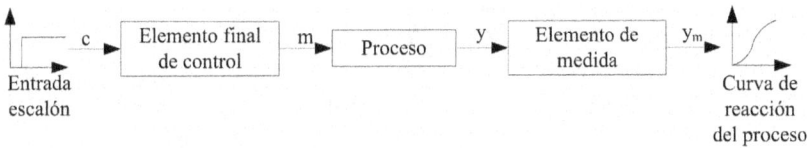

Fig. 8.17 Curva de reacción del proceso

La respuesta de la mayoría de procesos químicos a una entrada escalón, corresponde al de la figura 8.18, que se aproxima a un sistema de primer orden con tiempo muerto. En dicha figura, se puede observar como la salida evoluciona desde un valor y_0 a y_1, para una señal en escalón en el punto de consigna de una amplitud igual al valor final de consigna x_0, menos el inicial x_1.

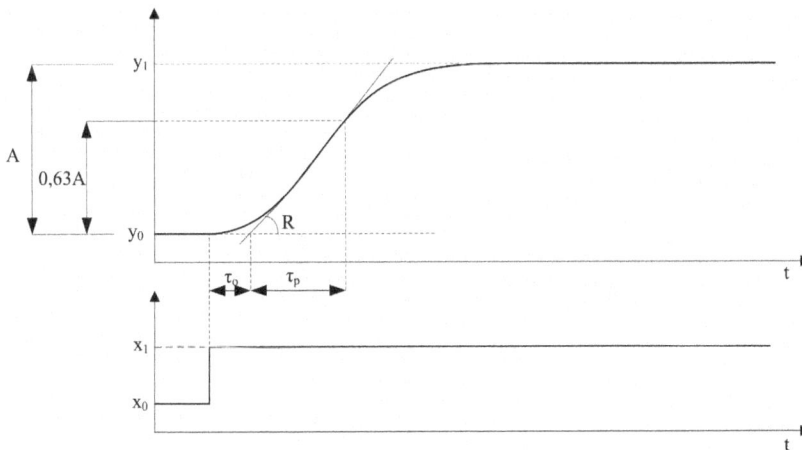

Fig. 8.18 Curva de reacción del proceso con sus parámetros característicos

A partir de las características de esta respuesta se determinan los parámetros de la curva de reacción:

1. *Constante de ganancia del proceso* (K). Se define este valor como la relación existente entre el incremento de la señal de salida respecto al incremento de la señal de la consigna, resultado de aplicar la señal en escalón.

$$K = \frac{y_1 - y_0}{x_1 - x_0}$$

2. *Pendiente de la respuesta* (R). Este parámetro viene definido por la pendiente de la recta tangente en el punto de inflexión de la curva de reacción del proceso.

3. *Constante de tiempo del proceso* (τ_p). Este parámetro viene definido por el tiempo que transcurre desde que la tangente cruza el valor inicial de la variable controlada (y_0) y el tiempo que tarda ésta en alcanzar el 63% de su valor final.

4. *Tiempo muerto o retardo* (τ_0). Es el tiempo que transcurre entre el instante en que se produce el cambio de escalón de la consigna y el punto en que la tangente cruza con el valor inicial de la variable controlada (y_0).

La dificultad de este método radica en que la determinación de la tangente de la curva no es sencilla y difícilmente reproducible, por lo que lleva a resultados dispares en cuanto a los diferentes parámetros obtenidos. Como alternativa se suele utilizar el método de los dos puntos propuesto por C.L. Smith, en que se observa la respuesta del sistema y se anota el tiempo, tal como se muestra en la figura 8.19, cuando la respuesta alcanza el 28,3% (t_1) y el 63,2% (t_2) de su valor final. A partir de estos valores obtenidos, se determinan:

$$\tau_p = 1,5 \cdot (t_2 - t_1)$$

$$\tau_o = (t_2 - \tau_p)$$

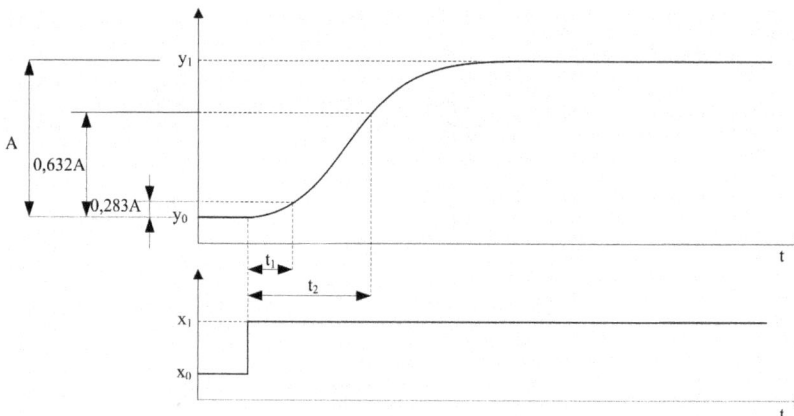

Fig. 8.19 Determinación de los parámetros característicos de la curva de reacción del proceso por el método de los dos puntos

Con estos valores, Ziegler y Nichols, fijaron los parámetros del controlador PID: *ganancia proporcional* (K_p), *tiempo integral* (T_i) y *tiempo derivativo* (T_d), según la tabla siguiente:

Tipo de controlador	K_p	T_i	T_d
P	τ_p/τ_0		
PI	$0,9\cdot(\tau_p/\tau_0)$	$\tau_0/0,3$	
PID	$1,2\cdot(\tau_p/\tau_0)$	$2\cdot\tau_p$	$0,5\cdot\tau_p$

Otros autores, como Cohen y Coon o Lopez, Murrill y Smith, han trabajado en el estudio de la sintonía del PID, encontrando fórmulas que permiten sintonizarlo, mejorando alguno de los parámetros característicos de la respuesta de un sistema de control en lazo cerrado y que merecen un estudio más detallado, lo que no es del ámbito de estudio de este libro. Así, a partir de los valores obtenidos, independientemente del método y fórmulas de sintonía que se empleen, la fórmula completa del algoritmo PID que se describe al inicio del capítulo:

$$u(t) = K_p \cdot \varepsilon(t) + K_i \int \varepsilon(t)dt + K_D \cdot \frac{d\varepsilon(t)}{dt}$$

Se implementa con la instrucción PID del PLC de la siguiente manera:

$$u(t) = K_p \cdot \varepsilon(t) + \frac{1}{T_i} \int \varepsilon(t)dt + T_D \cdot \frac{d\varepsilon(t)}{dt}$$

A partir del conocimiento de los parámetros característicos del proceso y de las variables relacionadas con los elementos estructurales que lo integran, ya se puede programar la instrucción y realizar el control en lazo cerrado de un proceso químico.

En los apartados siguientes, se exponen dos ejemplos aplicables a un sistema de regulación en lazo cerrado con PID. El primer ejemplo permite determinar, mediante un programa en lenguaje Ladder, la curva de reacción, para que el usuario pueda determinar los parámetros característicos del mismo, y un segundo ejemplo, donde se realiza la aplicación de un lazo PID.

8.4.2 Ejercicio de aplicación: determinación de la curva de reacción de un proceso

Se desea determinar experimentalmente la curva de reacción mediante PLC, en que el valor de la variable de salida es leída por la entrada analógica IW1, con un rango de entrada de 0 a 32.000 y la señal de control que se aplica sobre el elemento corresponde a la salida analógica QW1 del PLC, también con un rango de valores que va de 0 a 32.000.

En primer lugar, el usuario establece un valor de salida QW1 manualmente, hasta que el sistema se estabilice, cuando se ha estabilizado, se inicia el programa para la determinación de la curva de reacción del proceso que corresponde al GRAFCET de la figura 8.20.

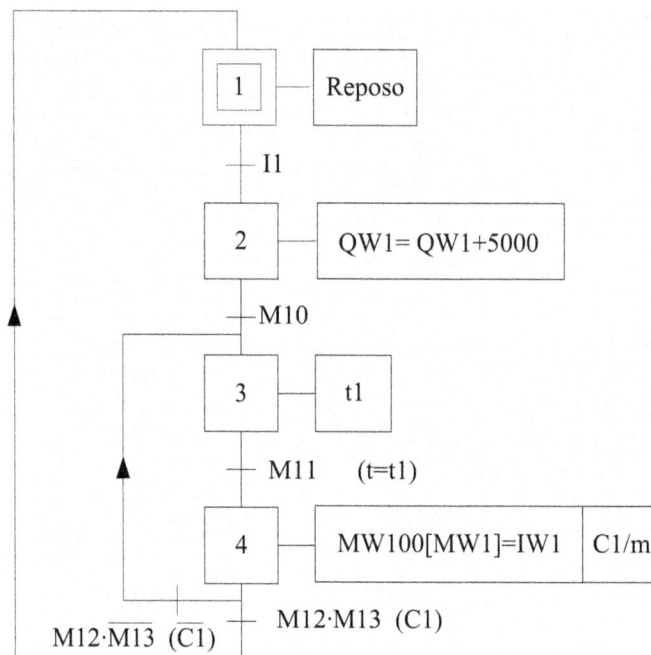

Fig. 8.20 Diagrama GRAFCET de la curva de reacción del proceso

El proceso de determinación de la curva de reacción se inicia al pulsar I1, provocando un escalón en la señal del punto de consigna de valor 5000 (QW1=QW1+5000). Una vez realizada la operación (M10), se inicia una temporización de valor t1, que se establece en función de la velocidad de respuesta del sistema, y que determina el periodo de muestreo de la señal de salida; transcurrido éste, se captura el valor del proceso a través de IW1, el cual se almacena de forma indexada en el registro apuntado por MW100[MW1], en que MW100 será el primer valor leído y a partir de éste se almacenaran en los consecutivos el resto de valores en función del valor de MW1, que será el estado actual de un contador, cuyo módulo determinará el usuario en función del tiempo de respuesta del sistema (m para el programa); así, si el valor de contaje actual es 10 (MW1=10), el valor para esa muestra se almacenará en MW100[10], o lo que es lo mismo en MW110. Una vez realizadas estas dos operaciones, el sistema pasa a reposo si se han muestreado todos los valores de las señales, o bien inicia un nuevo periodo de muestreo.

A partir del GRAFCET, se resuelve el programa mediante instrucciones Ladder tal como se muestra en la figura 8.21.

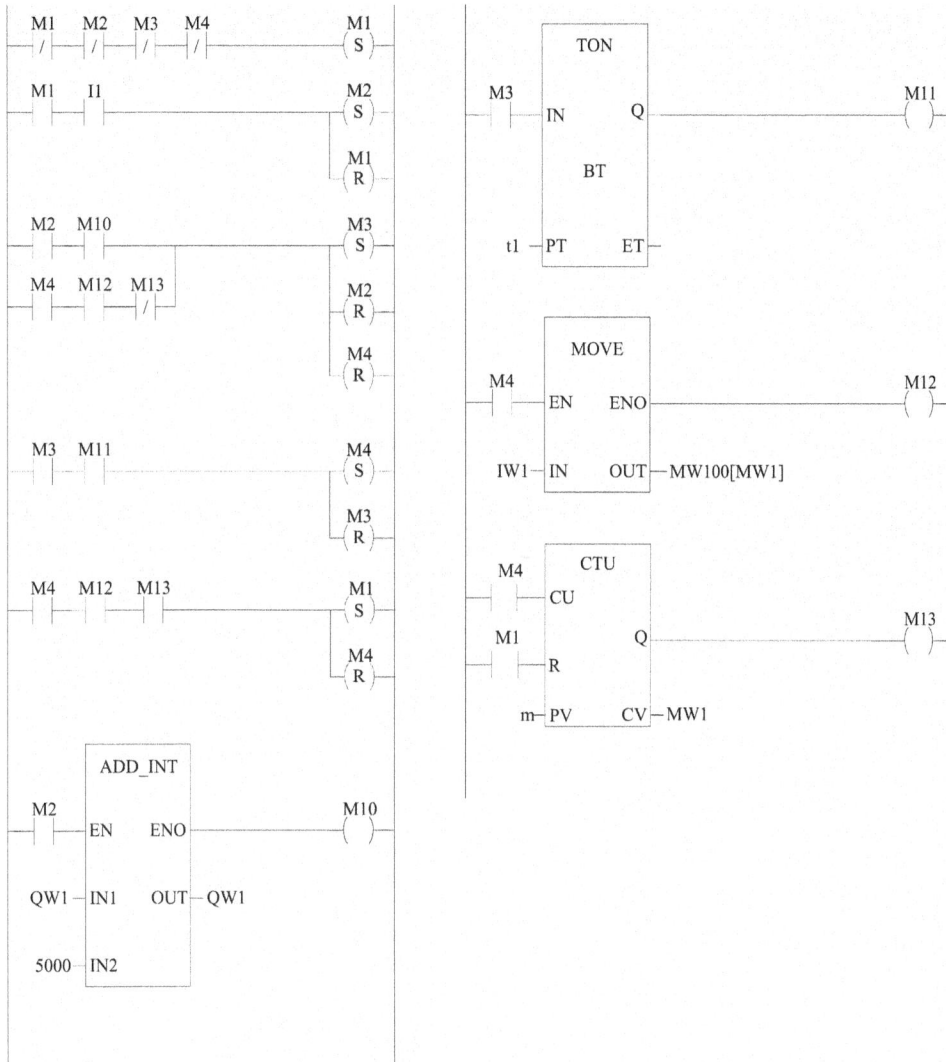

Fig. 8.21 Programa en lenguaje Ladder de la curva de reacción del proceso

8.4.3 Ejercicio de aplicación: programación de la instrucción PID

La figura 8.22 muestra cómo, a partir de los valores del proceso, se puede programar la instrucción PID. Previa a la inserción de la instrucción PID, se han de programar las instrucciones necesarias para asignar los parámetros que requiere la función; para ello, se toma como referencia la dirección base de memoria: MW1, programada en la entrada REF de la instrucción PID. Está variable determina donde se han de almacenar cada uno de los parámetros que necesita la función.

La primera línea del programa, al activarse M1, asigna el algoritmo PIDISA a la función, y un periodo de ejecución de valor t1. La siguiente línea del programa asigna los valores de banda muerta aplicable a la ejecución del algoritmo, que pueden ser tanto una constante como un registro al que se le asigna un valor de forma dinámica en tiempo de ejecución del programa. En la línea siguiente, se programan los parámetros característicos del algoritmo PID $\left(K_p, K_i, K_d\right)$; el formato en el que se han de introducir estos valores vendrá determinado por el modelo de autómata.

En la cuarta línea del programa, se almacenan los valores máximos y mínimos de la salida, con la finalidad de no saturar el elemento final de control y el tiempo mínimo de subida de la señal (t_s). Si se alcanza uno de estos valores, el algoritmo deja de ejecutarse, adaptando la acción integral para que coincida con el valor máximo o mínimo de la salida.

Finalmente en la última línea, se programa la instrucción PID con la configuración introducida previamente junto con las entradas y salidas necesarias de dicha función: el valor de consigna (IW1), correspondiente a un valor analógico proveniente del módulo de entradas del PLC y el valor de salida del proceso captado a través de otra entrada analógica (IW2). En la función no se implementan los valores de trabajo manual, quedando sin programar, por tanto la entrada AUTO igual a cero. La señal de salida (OUT), que se aplicará al elemento final de control, va asociada a una salida analógica del PLC, como es QW1.

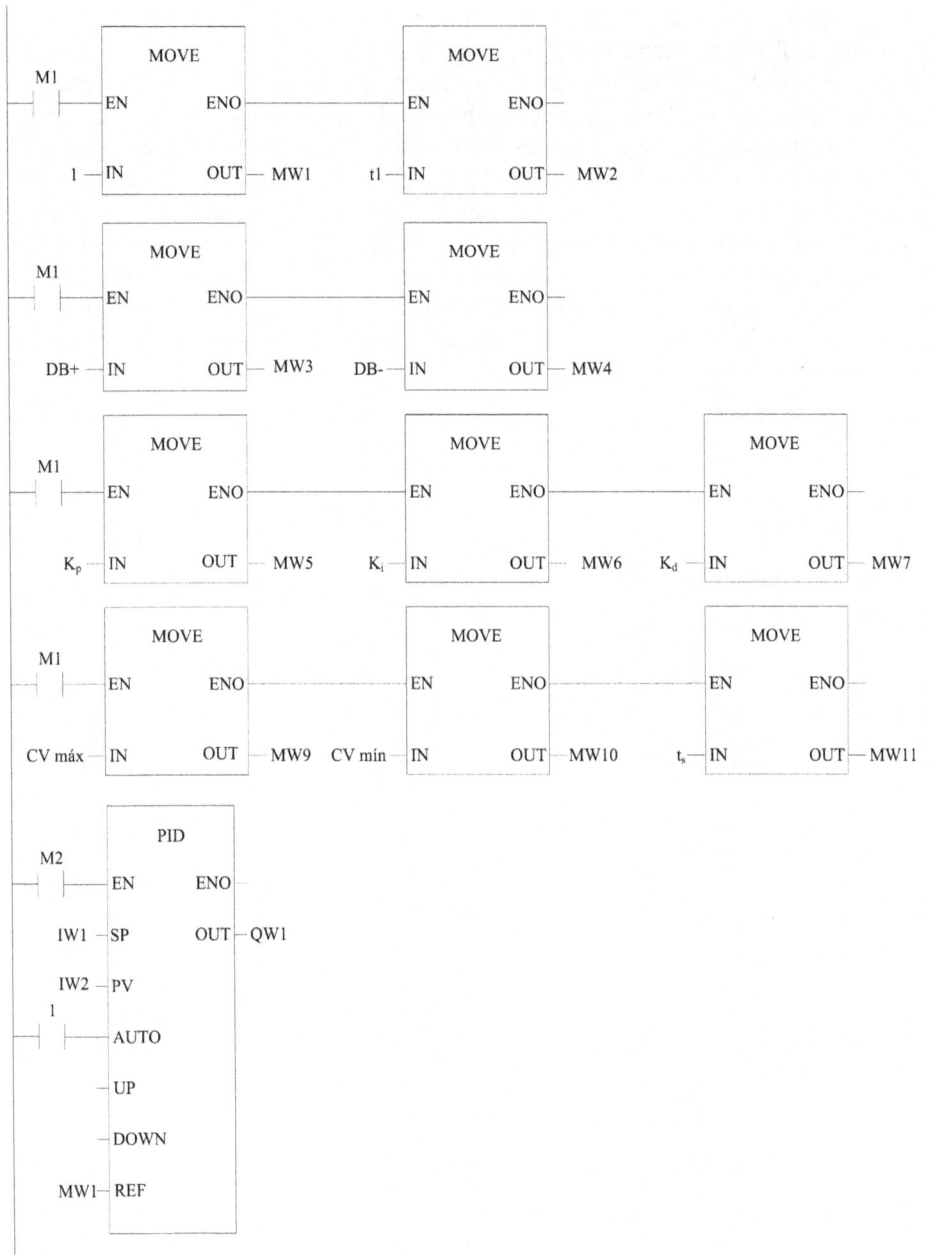

Fig. 8.22 Programación de la instrucción PID

Los ejemplos de este capítulo, junto con los desarrollados en el resto del libro, son sólo una pequeña muestra de la potencialidad de la automatización aplicada a la industria química. La evolución de las nuevas tecnologías de comunicación permite llevar la automatización de estos procesos mucho más allá de los límites que los autores se han propuesto alcanzar en este libro.

La integración de sistemas de comunicación industrial a través de buses de campo, las interfaces hombre-máquina mediante pantallas táctiles o programas SCADA, que permiten interactuar al usuario de manera dinámica con el proceso, junto con la evolución de las tecnologías de información y comunicación (TIC) que, gracias al aumento de velocidad en las líneas de banda ancha, permiten la extensión de la supervisión de las plantas químicas más allá del área geográfica donde están ubicadas a través de conexiones TCP/IP, y hacen de este ámbito de estudio un extenso campo de aplicación que tiene como base un buen conocimiento de la programación básica de los autómatas programables.Mediante el estudio de los diferentes casos presentados en el libro, se han dado las pautas a los lectores para iniciarse de manera profunda en la programación básica y avanzada de los procesos automatizados en la industria química, y que dan paso a una aplicación más compleja de estos conocimientos en el ámbito del control y la supervisión en sistemas de comunicación.

www.ingramcontent.com/pod-product-compliance
Lightning Source LLC
Chambersburg PA
CBHW080548220326

41599CB00032B/6398